OSTWALDS KLASSIKER
DER EXAKTEN WISSENSCHAFTEN
Band 275

Matthias Jacob Schleiden
5.4.1804 - 23.6.1881

Theodor Schwann
7.12.1810 - 14.1.1882

Max Schultze
25.3.1825 - 16.1.1874

OSTWALDS KLASSIKER DER EXAKTEN WISSENSCHAFTEN
Band 275

Klassische Schriften zur Zellenlehre

Matthias Jacob Schleiden
Theodor Schwann
Max Schultze

Eingeleitet und bearbeitet von
Ilse Jahn

Verlag Harri Deutsch

Das Porträt von Max Schultze wurde uns freundlicherweise vom Museum für Naturkunde der Humboldt-Universität zu Berlin zur Verfügung gestellt.
[Museum für Naturkunde der Humboldt-Universität zu Berlin
(Sigel: MfN d. HUB)
Historische Bild- u. Schriftgutsammlungen

Bestand: Zool. Mus.
Signatur: B I/556 (Portät Max Schultze)]

Bibliografische Information Der Deutschen Bibliothek

Die Deutsche Bibliothek verzeichnet diese Publikation in der Deutschen Nationalbibliografie; detaillierte bibliografische Daten sind im Internet über <http://dnb.ddb.de> abrufbar.

ISBN 3-8171-3407-X

1. Auflage Akademische Verlagsanstalt Geest & Portig, Leipzig
2. Auflage 2003
Druck: Rosch-Buch Druckerei GmbH, Scheßlitz
Printed in Germany

Inhalt

Einführung und Erläuterung zur Geschichte der Zellenlehre und der Zellentheorie

Von Ilse Jahn

Die ständig fortschreitende optische Erschließung neuer Strukturebenen in Organismen und die Erkenntnisse über die Funktionen der „Zellinhaltskörper“ als Elementareinheiten der Lebensprozesse haben noch nicht die „Zelle“ aus ihrer zentralen Rolle als morphogenetisches Grundelement im Leben der Organismen verdrängen können. Die Zytologie hat durch die Verbesserung der optischen, instrumentellen und analytischen Hilfsmittel zu immer tieferen Einsichten in die allgemeinen und speziellen Lebensfunktionen geführt und in der jüngsten Zeit bedeutende Beiträge auch zur „Biotechnologie“, zur industriellen Produktion von Rohstoffen mittels Zellen, geleistet.

Doch im Verlauf ihrer Erforschungsgeschichte haben sich wiederholt der Begriff und das Konzept der „Zelle“ geändert, so daß es nicht leicht ist, einen eindeutigen Beginn und eine kontinuierliche Entwicklung der Zellforschung zu rekonstruieren. Zu viele Einzelentdeckungen aus den verschiedensten biologischen Arbeitsrichtungen, die einen zeitlich und thematisch unterschiedlichen Ausgangspunkt hatten, sind letztlich in die Zytologie eingeflossen. Jedesmal, wenn eine neue Etappe der Erkenntnis erreicht war, wurde auch ein historischer Rückblick gegeben, und bereits von der Mitte des 19. Jh. an spiegeln sich in den unterschiedlichen historiographischen Darstellungen die verschiedenen Auffassungen vom Gegenstand wider.

Erstaunlich ist, daß sich bei allem Wandel der Konzeptionen der Name „Zelle“ erhalten hat, seitdem er erstmals bei der Entdeckung entsprechender pflanzlicher Strukturen im 17. Jh. geprägt wurde, aber fast 200 Jahre lang die Vorstellungen auch irregeführt hat.

Es ist nicht verwunderlich, daß Zytologen, Embryologen, Bakteriologen, Algologen, Protozoologen etc. bei Literaturstudien immer wieder auf die Pioniere der „Zellenlehre“ stießen und „Vorläufer“ entdeckten, die bereits lange vor M. J.

Schleiden und Th. Schwann die Zellstruktur von Pflanzengeweben, das Vorkommen analoger tierischer Elemente (Bläschen, Körnchen, Kügelchen) und die Vermehrung von Zellen gesehen und teilweise richtiger gedeutet haben als Schleiden und Schwann. Vor allem ist im 20. Jh. wiederholt auf die frühzeitige Beschreibung von Zellen und der Übereinstimmung zwischen pflanzlichen und tierischen Strukturelementen durch J. E. Purkyně und seine Schüler hingewiesen worden (Heidenhain 1907, Studnička 1927, 1931, Hintzsche 1953, Frankenberger 1959, Krutá, Rothschuh, Stannard 1969), so daß ihnen teilweise die Priorität der „Zellentheorie" (= „Körnchentheorie" von Purkyně 1839) zugeschrieben wurde.

Inwieweit dadurch die Schleiden-Schwannsche „Zellenlehre" relativiert wird und was die eigentliche „Zellentheorie" beinhaltet, kann nur durch die Lektüre der „klassischen" Arbeiten selbst beantwortet werden. Wir betrachten sie trotz allem nach wie vor als einen Neubeginn in der Zellenforschung und als einen Markstein in der Geschichte der Biologie, zu dessen 150jährigen Jubiläum (1988) sie hier vorgelegt werden.

Um ihren Stellenwert in der Entwicklung der Zellenforschung zu verdeutlichen und klarer zwischen den Begriffen „Zellenlehre" und „Zellentheorie" zu unterscheiden, muß zunächst ein kurzer Rückblick auf die Vorgeschichte geworfen werden.

Die Vorgeschichte

Die Entdeckung und Interpretation der Zellen als Bestandteil von Organismen und Organen ist mit der Erfindung und Weiterentwicklung des Mikroskops und der gesamten mikroskopischen Technik verbunden und hat ihren Ursprung im 17. Jh. Damals war in den Seefahrernationen England und Holland (zunächst für Teleskope) der optische Gerätebau entwickelt worden und hatte die Wissenschaftszentren Frankreichs und Italiens beeinflußt. Ab 1620 kamen die ersten zusammengesetzten Mikroskope – ebenfalls in Italien, Holland und England – in Gebrauch (vgl. E. Ruska 1979), und die Benutzung für wissenschaftliche Untersuchung auch biologischer Objekte wurde in Italien durch die ersten Akademien (*Accademia dei Lincei* (1601–1630, dann *Acc. del Cimento*), in England durch die *Royal Society* (ab 1662) gefördert. Unter dort führenden Naturforschern finden wir die ersten großen Mikroskopiker und auch diejenigen, die als erste die zellige Struktur in Pflanzenteilen erkannten, beschrieben und benannten. Der Engländer Robert Hooke bildete in seinem der neuen mikroskopischen Technik gewidmeten Werk „Micrographia" (1665) die Zellen an Dünnschnitten des Flaschenkorks ab und gab ihnen die – für dieses Objekt ganz zutreffende – Bezeichnung „*cellula*" (Kämmerchen), da an diesem toten Pflanzengewebe wirklich der hohle Innenraum, von Wänden umschlossen, das markanteste Merkmal war. Darüber hinaus bildete Hooke auch schon die Zellen in lebenden Pflanzenteilen (Hollundermark, Stengeln und Blättern von Fenchel, Disteln, Schilf, Farn u. a.) ab, vermutete, daß sie mit Flüssigkeit zur Ernährung der Pflanzen gefüllt seien, und analogisierte das mit der Blutzirkulation bei Tieren, obwohl er keine Verbindung zwischen den Zellen erkennen konnte. Sein Landsmann Nehemia Grew, der den mikroskopischen Pflanzenstudien ein eigenes Buch widmete (Anatomy of Vegetables begun 1672, Anatomy of Plants 1682) und die Anatomie von Wurzeln, Stengeln, Blättern und Blüten mit weit über 100 Abbildungen darstellte, hatte für die Zellstrukturen zunächst die Bezeichnung „Poren" oder „Bläschen" gewählt, weil er den Vergleich mit Bierschaum heranzog. Da ihm die Bläschen jedoch nicht von einfachen Häutchen oder Membranen umschlossen schienen, sondern durch mehrere Lagen feinster „Fasern" miteinander vernetzt schienen wie bei einem Textilgewebe, prägte er für den Zellverband den Namen „Gewebe". Wie Grew widmete sich zur gleichen Zeit der italienische Anatom Marcello Malpighi der Pflanzenanatomie und veröffentlichte in seiner „Anatome plantarum" (1675) ebenfalls Abbildungen von zelligem Pflanzengewebe. Als Tieranatom verglich er pflanzliche und tierische Anatomie, vermutete bei Pflanzen analoge „innere Organe" für Atmung, Ernährung, Saftzirkulation, forschte nach deren physiologischer Funktion und gab den pflanzlichen Gewebestrukturen entsprechende Namen wie „Gefäße", „Tracheen", eine Problematik, die lange Zeit die botanische Forschung beeinflußte und einer einheitlichen Auffassung der Elementarorgane in der Pflanze im Wege stand (s. u.).

Als erste tierische Zellen wurden im 17. Jh. die Blutkörperchen beschrieben, die man bei mikroskopischer Betrachtung von

Kapillargefäßen sah. Diese Studien waren durch Harveys Theorie vom Blutkreislauf angeregt worden, die damals noch keineswegs allgemein akzeptiert war. Sowohl Malpighi als auch die zwei maßgeblichen holländischen Mikroskopiker Jan Swammerdam und Antoni van Leeuwenhoek beschrieben in Kapillaren die runden oder ovalen kleinen Partikel im Blut, und letzterer bildete 1702 in Blutkörperchen von Fischen sogar die Zellkerne ab, von ihm als Lichtfleck bezeichnet. Doch gab es damals keinerlei gedankliche Verbindung zwischen diesen Beobachtungen und denen an Pflanzenzellen. Erst recht gab es solche Assoziationen nicht bei Leeuwenhoeks Darstellungen von Bakterien, Algen und Protozoen oder bei seiner Entdeckung der Spermatozoen („Samentierchen"), die als Einzelorganismen aufgefaßt wurden (1773).

Nichts kann wohl anschaulicher als die Spermatozoen-Studien den langen Weg verdeutlichen, der von der ersten Beobachtung und Benennung der Pflanzen-Zelle bis zu einer allgemeinen Zellenlehre im 19. Jh. führte und der nicht nur von der mikroskopischen Technik, sondern auch von den theoretischen Konzeptionen abhängig war.

A. van Leeuwenhoek, der seine erstaunlichen Entdeckungen nicht mit einem eigentlichen (zusammengesetzten) Mikroskop, sondern mit einfachen Lupen machte und dadurch optische Artefakte besser vermeiden konnte, erzielte durch seine besondere Herstellungstechnik Lupen mit bis zu 270facher linearer Vergrößerung (Ford 1981). Damit gelangen ihm die zahlreichen Beobachtungen an Spermatozoen des Menschen wie auch vieler Tiere (Hunde, Schafe, Frösche, Fische und Insekten), in denen er durch die Vergrößerung innere Strukturen zu erkennen glaubte. Sie wurden bald mit der Beobachtung von Embryonen in Eiern verglichen und schienen die „Präformationstheorie" zu stützen, wonach die künftigen Organismen in Ei oder Sperma schon fertig vorgebildet seien. Diese Theorie beherrschte über 100 Jahre die Vorstellungen über die Entwicklung der Organismen, aber die Entdeckung Leeuwenhoeks hatte ihre Anhänger in zwei einander bekämpfende Lager gespalten. Die Kontroversen über die Frage, ob der Embryo in Ei oder Sperma vorgeprägt liege, regte auch im 18. Jh. weitere Forschungen darüber an, zumal auch der Philosoph Leibniz auf Seiten Leeuwenhoeks dazu philosophisch Stellung genommen hatte und maßgebliche

Physiologen wie H. Boerhaave und A. v. Haller die Präformationstheorie in ihren Lehrbüchern vertraten. Obwohl mithin im gesamten 18. Jh. Spermien und Eizellen Gegenstand mikroskopischer Untersuchungen waren, hinderten die philosophischen Konzeptionen neben der mangelhaften mikroskopischen Technik Fortschritte in ihrer Deutung.
Ein gewisser Umschwung hatte sich jedoch durch Caspar Friedrich Wolff angebahnt, der in seiner „Theoria generationis" (1759) ein gegenteiliges, aber ebenfalls extremes Konzept verteidigte, als er die Bildung des Embryo aus einer ganz homogenen Grundsubstanz annahm. Er untersuchte die Entstehung der Pflanzenorgane aus ersten Anfängen und sah deutlich die Scheitelzellen am Vegetationspunkt, den er jedoch als homogene gallertartige Masse beschreibt, in der zunächst Bläschen (*vesicula*) entstehen. Erst im Verlauf ihrer Vergrößerung sollen sie aneinanderstoßen und die „Zellen" bilden; das weitere Wachstum der Pflanzen geschehe durch Vergrößerung der Zellen und Gefäße sowie durch ihre Neubildung in der homogenen Interzellularsubstanz. Erst durch Wolff, dessen Angriffe gegen die Präformationstheorie neue mikroskopische Studien provozierten, wurde der Terminus „Zelle" (neben dem der „Gefäße") in der botanischen Literatur heimisch, obwohl er auch schon in dem botanischen Lehrbuch von Chr. G. Ludwig (1742) bei seiner Darstellung des sich bildenden Pflanzengewebes aus „Fasern" mitverwendet wird (Möbius 1937). C. F. Wolffs Arbeiten kennzeichnen einen grundlegenden Wandel im Denken, wenngleich sich seine Theorie der Epigenese erst nach seinem Tod allmählich durchzusetzen begann. Er führte die „genetische Methode" (von Goethe so bezeichnet) in das Studium organismischen Wachstums ein, nämlich die Suche nach den Anfängen und den Bildungsgesetzen anstelle der Beschreibung fertiger Organe und Organismen. Die vergleichenden Untersuchungen an tierischen Keimlingen (Hühnerembryonen), bei denen Wolff die allmähliche Bildung der Blutgefäße und des Herzens, der Nieren und des Darmkanals, der Wirbelsäule und der Extremitäten beobachtete, führten ebenfalls zur Darstellung des ungeformten ersten Anfanges, des „Keimflecks", als einer Masse „einfacher aufeinandergehäufter Kügelchen", eine Bezeichnung, die sich um 1800 häufig bei mikroskopischen Beobachtungen findet und verschieden gedeutet wurde (Hughes 1959).

Es lag in der Natur der Untersuchungsobjekte und dem Stand der mikroskopischen Technik, aber ebenso mancher philosophischer Anschauungen, daß im 18. Jh. zwar wiederholt pflanzliche Zellen gesehen und beschrieben wurden, trotz aller durchaus üblicher Vergleiche mit tierischer Anatomie und Physiologie in dieser Hinsicht keine Analogien entdeckt wurden. So regte z. B. die Monadenlehre von G. W. Leibniz die Suche nach „Elementareinheiten“ und die Deutung mikroskopisch kleiner Korpuskeln, Körnchen, Kügelchen und Zellen als die die Organismen aufbauenden „Monaden“ an, ohne daß nachträglich entschieden werden kann, was die einzelnen Mikroskopiker gesehen und gemeint haben. So finden sich schon bei dem Halleschen Philosophen Chr. v. Wolff, der in seinen Lehrveranstaltungen über Experimentalphysik und Optik in der ersten Hälfte des 18. Jh. auch Mikroskopierübungen durchführte, Beobachtungen über Keimung, Wachstum, Wurzelbildung von Pflanzen, deren Bläschen- oder Zellstrukturen er auf der Grundlage der Monadenlehre mit der Neubildung von Pflanzenteilen in Verbindung brachte (1723, 1743).
In der Folgezeit waren es bis zum ersten Drittel des 19. Jh. gerade die physiologischen Fragestellungen, die auch die mikroskopischen, histologischen Studien intensivierten, aber einer einheitlichen Auffassung der Elementarteile pflanzlicher und tierischer Organe hinderlich waren. Suchte man doch geradezu nach der Spezifik von Geweben und Gewebeelementen bezüglich ihrer physiologischen Funktion. Das gilt ebenso für die funktionelle Einteilung tierischer Gewebe in drei Gruppen durch A. v. Haller (1757), der außer Muskel- und Nervenfasern noch das „Zellgewebe“ (*tela cellulosa*) als Grundgerüst unterschied, wie für die 21 verschiedenen einfachen Elemente in der neuen Gewebelehre von X. Bichat (1801), von der die Histologen des 19. Jh. ausgingen.
Das trifft aber genauso für die Botaniker zu, für die um 1800 die Fragen nach der Ernährung, Atmung, Assimilation durch die chemischen Versuche über Sauerstoff, Stickstoff, Wasserstoff in den Blickpunkt rückten und die mutmaßlichen Pflanzenorgane für den Gasaustausch und den Stofftransport von neuem interessant wurden. So benutzte der Leipziger Botaniker Joh. Hedwig ein selbst entworfenes und von dem Universitätsmechanikus S. G. Hofmann konstruiertes zu-

sammengesetztes Mikroskop nicht nur zur Untersuchung der Kryptogamen und ihrer Sexualorgane, sondern auch zum Studium der Spaltöffnungen, die er als Atmungsorgane beschrieb (1797), während A. v. Humboldt mit einem gleichen Mikroskop eine Vielzahl von Spaltöffnungen („Spaltgefäßen“) mit ihren verschiedenen Schließzellen beobachtete und ihnen richtiger eine Funktion im Wasserhaushalt der Pflanzen zuschrieb (1798). Noch viel umstrittener war die Funktion der seit dem 17. Jh. bekannten „Tracheen“, der Spiral- und Tüpfelgefäße, deren physiologische Aufgaben man aus der Kenntnis ihrer Struktur abzuleiten hoffte. Die Unsicherheit war der Anlaß für akademische Preisaufgaben, die die pflanzenanatomischen Forschungen stimulieren, primär aber die Fragen nach der Saftbewegung und dem Stofftransport klären sollten. Drei aus einer Göttinger Preisaufgabe (1804) hervorgegangene Arbeiten werden zur Vorgeschichte der Zellenlehre immer wieder genannt: die des Anatomen Rudolphi, der sich gegen die Ableitung der Spiralgefäße aus Zellgewebe aussprach (1807), die Preisschrift „Grundlehren der Anatomie und Physiologie der Pflanzen“ von H. F. Link (1807) und die Arbeit „Vom inwendigen Bau der Gewächse“ von L. Chr. Treviranus (1806). Während Link überzeugt war, daß auch Fasern und Gefäße aus dem Zellgewebe entstehen, jedoch ihre Entwicklung nicht beobachten konnte, erkannte Treviranus den Ursprung der Tüpfelgefäße aus Zellen.

Auch K. Sprengels „Anleitung zur Kenntnis der Gewächse“ (1802) behandelt das Zellgewebe vorrangig unter funktionellem Aspekt und vermutet, daß die Gefäße aus Zellen entstehen, die er im traditionellen Sinne als Höhlen auffaßte. Die in Zellen beobachteten Stärkekörner hielt er (1812) für Jugendstadien neuer Zellen, was Schleiden kritisch vermerkt.

Ebenso stehen in P. Moldenhauers „Beyträgen zur Anatomie der Pflanzen“ (1812) die Gefäße und ihre Funktionen im Mittelpunkt der Untersuchungen, wenngleich auch er die Epidermiszellen mit Spaltöffnungen korrekt wiedergibt und isolierte Einzelzellen beschreibt; insgesamt stellte er aber ein aus „Fasern“ gebildetes „Gewebe“ einer zelligen Substanz, dem *Parenchym*, gegenüber (wie Grew), gab sich über deren Entstehung ebensowenig Rechenschaft wie über die der verschiedenartigen Gefäße.

Demgegenüber hatte Chr.-F. Mirbel in einer „Theorie der pflanzlichen Organisation“ (1808), in der er 5 Arten von „Gefäßen“ unterschied, alle Gewebearten aus jungem Zellgewebe abgeleitet und dann 1831 an *Marchantia* die Entstehung von Zellen in den Brutknospen beobachtet, wobei er drei Formen der Zellbildung (superzellulär, intrazellulär und interzellulär) unterschied, Auffassungen, mit denen sich Schleiden ebenfalls auseinandersetzte.
In den ersten drei Jahrzehnten des 19. Jh. waren auch unter dem beherrschenden Einfluß naturphilosophischer Ideen Auffassungen über die Zelle als Ausgangsform niederer Lebewesen in Form von Urzeugung oder als Grundorgan höherer Pflanzen verbreitet. L. Oken faßte in seinem „Lehrbuch der Naturphilosophie“ (1808–11) die Pflanze als „Cumulation von kleineren Pflanzen“ auf und begann seine Vorlesung über Physiologie (1815) mit der Behandlung der „Zelle“; in seiner populären „Naturgeschichte für alle Stände“ (1835) finden sich viele Abbildungen von Pflanzenzellen und -geweben. Sein gleichgesinnter Fachkollege D. G. Kieser – von Schleiden mehrfach zitiert – widmete sich in zwei Werken den Bildungsgesetzen der Zellen: in den „Grundzügen der Anatomie der Pflanzen“ (1815) wird der Aufbau der Pflanzen aus Grundelementen geschildert und in einer Abhandlung „über die ursprüngliche und eigenthümliche Form der Pflanzenzellen“ (1818) das Entstehen der Zellformen aus physikalischen Gesetzmäßigkeiten abgeleitet und naturphilosophisch interpretiert. So erläutert er die Umbildung der ursprünglich kugeligen Form zum Rhombendodekaeder als idealer „Urform“, die dann in verschiedener Weise modifiziert wird in die „Metamorphosen“, die Holz-, Bast-, Mark- und Rindenzellen. Jede Zelle ist für Kieser „ein vollkommen organisierter und individualisierter Körper“.
Aus dem gleichen naturphilosophischen Gedankengut flossen die von C. H. Schultz-Schultzenstein vertretenen Ansichten über den Urzeugungsprozeß, wobei er die Entstehung einfachster Lebensformen mit Kristallisationsprozessen verglich (1823). Analogien waren in diesen Jahrzehnten beliebt, vor allem die Vergleiche zwischen Pflanzen und Tieren, woraus auch die Überbewertung des Milchsaftes der Pflanzen als „Lebenssaft“ und quasi als Nährmedium für die Elementarorgane der Pflanzen resultierte.

Im folgenden Jahr (1824) stellte H.-J. Dutrochet in seinen vergleichenden anatomischen und physiologischen Untersuchungen der inneren Struktur der Tiere und Pflanzen (Recherches anatomiques et physiologiques sur la structure intime des animaux et des végétaux, et sur leur motilité) eine neue Theorie über die Zusammensetzung der pflanzlichen und tierischen Gewebe aus unzähligen „Bläschen“ auf, wobei er Muskel-, Nerven-, Gehirnzellen mit Gewebe von Pflanzen und Wirbellosen verglich. Er glaubte zu diesem Zeitpunkt die pflanzenanatomische Forschung an ein Ende gekommen, was für die optischen Hilfsmittel tatsächlich zutraf. Wenige Jahre später gab es im Mikroskopebau einen Wendepunkt, so daß nach 1830 ein neuer Aufschwung einsetzte.

Die Herausbildung der „Zellenlehre“ in der Botanik und die Entstehung der „Beiträge zur Phytogenesis“ von M. J. Schleiden (1838)

Während der Gebrauch von einfachen Lupen im 18. Jh. bei Botanikern allgemein gebräuchlich war, schon um die für die Linnésche Bestimmungsmethode und die Klassifizierung nach seinem Sexualsystem nötigen Befruchtungsorgane erkennen zu können, bot die Benutzung zusammengesetzter Mikroskope solange keine Vorteile, wie die Kombination von Linsen bereits bei geringerem Vergrößerungseffekt nicht nur Verzerrungen der Objekte bewirkte, sondern auch ungenügende Helligkeit sowie optische Verfälschungen des Bildes durch farbige Ränder, Interferenzringe und-figuren, die Newton für unvermeidbar gehalten hatte, aufwies. Erst kurz vor 1800 gelang in Holland die Herstellung achromatischer Linsen auch für Mikroskope und um 1825 in England die Kontruktion achromatischer Objektive mit kurzer Brennweite, die die Farb- und Öffnungsfehler bei stärkerer Vergrößerung vermieden, während in Italien der Physiker J. B. Amici um 1820 durch Einbau von Spiegeln wie beim Spiegelteleskop bessere Bildqualitäten erreichte. Die Bemühungen um leistungsfähigere zusammengesetzte Mikroskope im ersten Viertel des 19. Jh. erfolgten jedoch nicht primär aus physikalischem, technischem oder ökonomischem Interesse (wie etwa die Lupenschleiferei, die auch durch das Textilgewerbe stimuliert wurde). Sie gingen vielmehr Hand in Hand mit den anwachsenden physiologischen Streitfragen in Medizin und Botanik. Waren es in der Botanik die Probleme des Stoffwechsels, des Wachstums und der Befruchtung, die die mikroskopische Pflanzenanatomie förderten und mittelbar die Zellenforschung bedingten, so führten in der Medizin und Zoologie vor allem Fragen der Embryologie und der Nerven- und Stoffwechselphysiologie zum Bedürfnis intensiver mikroskopischer Forschung, so daß die Fortschritte mikroskopischer Technik in der Zusammenarbeit zwischen Biologen (Medizinern, Anatomen, Physiologen) und Optikern bzw. mechanischen Werkstätten bestanden. Das traf auf J. Hedwig und seine Zusammenarbeit mit Hoffmann in Leipzig zu, das gilt für die Kooperation zwischen dem Mediziner Th. Hodgkin und J. J. Lister, dem Konstrukteur des ersten achromatischen, korrigierten Mikroskops (1827), zwischen dem Mediziner Selligue und dem Instrumentenbauer Chevalier in Paris (1824), zwischen Amici und den Pariser Werkstätten, bevor er seine eigene in Florenz gründete (1831).

Der Verbesserung der Instrumente folgte ihre serienmäßige kommerzielle Herstellung, eine Voraussetzung für die breitere Anwendung mikroskopischer Untersuchungen. Als leistungsfähige optische Werkstätten profilierten sich um 1830 die Mikroskopebauer Chevalier und Oberhäuser in Paris, Amici in Modena und Florenz, Plössl in Wien und Pistor und Schieck in Berlin, deren Instrumente die wesentlichen Beiträge zur Begründung einer Zellenlehre leisteten.

Maßgebliche wissenschaftliche Probleme wurden vor allem an den zwei Lehrstühlen für Physiologie – bei J. E. Purkyně in Breslau (heute Wrocław) und Prag und bei Joh. Müller in Berlin – von einem größeren Schülerkreis bearbeitet, die miteinander in Erfahrungsaustausch standen, während es vergleichbare botanische Schulen im ersten Drittel des 19. Jh. nicht gab, da die wenigen sich erst aus der Medizin oder der „Naturgeschichte" emanzipierenden botanischen Lehrstuhlinhaber sich vorrangig der Systematik und der Botanischen Gärten zu widmen hatten.

Über die Situation an der erst 1810 gegründeten Universität Berlin, die der Mutterboden für die Begründung der „Zellentheorie" wurde, sagte Schleiden in einem Brief an Schlechtendal (Dez. 1837): „So viele Botaniker auch in Berlin leben, so verfolgt doch jeder so ganz und gar seinen eigenthüm-

lichen Weg, daß hier eigentlich ein *bellum omnium contra omnes* [Krieg aller gegen alle] und keine Schule existiert ..."
In Berlin treffen wir zu dieser Zeit einen großen Teil derjenigen Botaniker an, die bereits zur Vorgeschichte der Zellenlehre genannt wurden: die zwei ersten Preisträger der Göttinger Preisaufgabe (s. o.), K. A. Rudolphi (in Berlin als Ordinarius für Anatomie und Physiologie berufen und kaum mehr botanisch tätig) und H. F. Link (seit 1815 Ordinarius und Direktor des Botanischen Gartens, aber vielseitig physiologisch und mikroskopisch-anatomisch interessiert), weiterhin – ebenfalls in der Medizinischen Fakultät – der naturphilosophisch geprägte K. H. Schultz-Schultzenstein als o. Honorarprofessor für Physiologie und Botanik und der Ordinarius für „Vergleichende Physiologie" Joh. Horkel, M. J. Schleidens Onkel und sein Mentor bei den ersten mikroskopischen Untersuchungen. Schließlich muß als vielleicht wichtigster Fachkollege Schleidens der Schüler von H. F. Link, F. J. F. Meyen, genannt werden, der von 1834–40 als außerord. Professor für Botanik in der Phil. Fakultät wirkte und sich von der Studentenzeit an und als prakt. Arzt (ab 1826) mit pflanzenphysiologischen und -anatomischen Themen befaßte. Seine Arbeiten und Lehrbücher führen direkt zur Zellenlehre hin und waren eine der Grundlagen für Schleiden: „Methodische Arbeiten zur mikroskopischen Präparationstechnik" (1828) und „Anatomisch-physiologische Untersuchungen über den Inhalt der Pflanzenzellen" (1828), „Die Phytotomie" (1830), „Über die Bewegung der Säfte in den Pflanzen" (1834), „Über die Secretionsorgane der Pflanzen" (1837) und „Neues System der Pflanzen-Physiologie" (3 Bde. 1837–39). Meyen arbeitete zunächst mit einem englischen Mikroskop mit 200facher Vergrößerung und fertigte die Schnitte – wie damals allgemein üblich – freihändig mit dem Skalpell an. Seine Abbildungen sind eigenhändig gezeichnet und stellen „wirkliche Gesamtbilder des zellulären Aufbaus der Organe" und der verschiedenen Gewebearten dar (Mägdefrau 1973).
Die „Phytotomie" kann man als Lehrbuch über den Bau der Pflanzen aus „Zellgewebe" betrachten und kennzeichnet eigentlich schon die Existenz einer „Zellenlehre" zu Beginn des vierten Jahrzehnts des 19. Jh., wenn man darunter den Aufbau des pflanzlichen Organismus aus Zellen versteht. Wie

Schleiden in seiner Arbeit mehrfach betont, handelte es sich jedoch bei Meyen um die deskriptive Darstellung der ausgebildeten Gewebe, die er (wohl nach dem Vorbild der medizinischen bzw. tieranatomischen Gewebelehre) in verschiedene Gewebearten einteilt, und zwar nach der Form ihrer Zellen: zunächst in unregelmäßiges und regelmäßiges; bei letzterem unterscheidet er *Merenchym* und *Parenchym*, *Prosenchym* und *Pleurenchym* (=faserförmige Zellen). Außerdem beschreibt er Harz-, Schleim- und Luftgänge, Drüsen und die Milchröhren, die er mit dem Blutgefäßsystem der Tiere analogisiert, sowie Zellinhaltskörper wie Stärkekörner, Kristalle, Chlorophyllkörner (=grüne Bläschen) und die Zellsaftbewegung. Wie eng für Meyen die Darstellung der Zellgewebe mit den Fragen der physiologischen Funktionen der Pflanzenorgane verknüpft waren, zeigt sein dreibändiges „Neues System der Pflanzen-Physiologie" (1837–39), das von Schleiden vorwiegend zitiert wird.

Die Anregung zur mikroskopischen Forschung und zur Beschäftigung mit der Anatomie und Physiologie der Pflanzen war also in Berlin (wo außerdem noch bedeutende Taxonomen wie C. S. Kunth, J. F. Klotzsch, K. H. Th. Koch wirkten) außerordentlich groß, wurde durch fachübergreifenden Erfahrungsaustausch wie z. B. mit den zoologisch forschenden Medizinern Chr. G. Ehrenberg, Joh. Müller und J. Henle (s. u.) gefördert, die sich in den 30er Jahren zunehmend intensiv mit mikroskopischen Studien beschäftigten, und durch die Entwicklung der bald berühmten optischen Werkstätten von Pistor und Schieck auch technisch unterstützt.

Ein Spiegel für die vorrangig interessierenden Themen und den Meinungsaustausch zwischen Botanikern, Medizinern (Zoologen) und Mineralogen sind die Vortragssitzungen der Gesellschaft naturforschender Freunde zu Berlin, deren Protokolle in den entscheidenden Jahren zwischen 1835 und 1839 einen hohen Prozentsatz mikroskopischer Demonstrationen aufzeigen. Zu den regelmäßigen Teilnehmern gehörten Horkel, Link, v. Buch, Weiß, Joh. Müller und Ehrenberg, die häufig Vorträge hielten, und ab Ende 1837 auch M. J. Schleiden als Gast. Während Ehrenberg fast in jeder Sitzung „Infusorien" (meist Einzeller) sowie das Nervensystem wirbelloser Seetiere mikroskopisch demonstrierte, zeigte Joh. Müller 1836 Knochenschliffe und den Bau des

Knorpels, 1837 Zeichnungen über „die genesis der Wirbel, bes. der Fische“ (s. u.) und Anfang 1838 die „Struktur der Geschwulste“; Link referierte 1835 und 1836 über pflanzliches „Amylum“ (Stärke) und über „Spiralgefäße in der Haut einiger Samen“ und im Mai 1836 über die „Bewegung der Körner in den Papillen des Stigma der Tulpe“. Zu diesem Thema äußerte sich im Juni 1836 auch Horkel und berichtete dann von seinen Studien über die Befruchtung, wobei er nicht nur bei *Mono-*, sondern auch bei *Dikotylen* das Eindringen der Pollenschläuche durch den Kanal des Griffels bis zu den Samenanlagen und in die *Mikropyle* beobachtet habe. Er belegte die verschiedenen seit Jahren diskutierten Auffassungen über den Befruchtungsvorgang mit Literatur. So hatte *Amici* (1823) den Pollenschlauch aus dem Pollenkorn wachsen sehen, Ad. Brogniart (1827) das Eindringen des Pollenschlauchs durch den Griffel und schließlich 1830 Amici auch seinen Eintritt in die *Mikropyle*. Trotzdem war auch die ältere Auffassung im Gespräch, wonach die Pollen auf den Narbenpapillen zerplatzen und ihr Inhalt (kleine Körnchen) durch Öffnungen in den Papillen zu den Samenanlagen gelangen sollten, eine Vorstellung, die offenbar Link in seinem Vortrag noch vertreten hatte.

Dieses Problem der Befruchtung wurde also in Berlin kontrovers diskutiert, als M. J. Schleiden sein Studium bei seinem Onkel an der Berliner Universität fortsetzen wollte.

Matthias Jacob Schleiden, 1804 als Sohn eines Hamburger Arztes geboren, hatte zunächst in Heidelberg Jura studiert, 1826 dort promoviert und sich 1827 als Rechtsanwalt in Hamburg niedergelassen. Berufliche Depressionen mit einem Nervenzusammenbruch veranlaßten 1832 einen Berufswechsel. Er nahm in Göttingen das Medizinstudium auf, das er nach 5 Semestern im Sommer 1835 in Berlin fortsetzte. In Göttingen war er durch den Pflanzensystematiker F. G. Bartling zur Botanik geführt worden, widmete sich aber in Berlin kaum der systematischen Richtung, sondern unter dem Einfluß seines Onkels Horkel physiologischen Fragen und mikroskopisch-anatomischen Studien. Aus der aktuellen Streitfrage über Befruchtung und Keimesentwicklung (s. o.) entstand seine erste Arbeit „Einige Blicke auf die Entwicklungsgeschichte des vegetabilischen Organismus bei den Phanerogamen“ (Wiegmann's Arch. f. Naturgesch. 3, 1837, S. 289–320) mit der

irrtümlichen Ansicht, daß der Pflanzenembryo in der Spitze des Pollenschlauches entstehe, die damals außer Horkel und Schleiden auch noch die österreichischen Botaniker Endlicher und Unger sowie die Berner Professoren Valentin und Wydler teilten, die sich ebenfalls mit Studien zur Embryo- und Zellbildung befaßten. Erst Schleidens zweite Veröffentlichung zu diesem Thema, „Über die Bildung des Eichens und die Entstehung des Embryo's bei den Phanerogamen" (Nova Acta Leopoldina 19, P. 1, 1939), löste allgemeinen Widerspruch – auch in Berlin durch Meyen – aus und intensivierte die mikroskopischen Forschungen, die nur langsam zur Berichtigung führten, besonders durch Amici (1847), Hofmeister (1849), Radlkofer (1856), zur endgültigen Klärung aber eigentlich erst 1884 durch E. Strasburger (Möbius 1937, Mägdefrau 1973).
Die allgemeine Anerkennung der Zellenlehre und ihre spätere Modifizierung trug dazu nicht unwesentlich bei.
Die Arbeit Schleidens „Beiträge zur Phytogenesis" (1838), die jene einleitete, war eigentlich ein Nebenprodukt der Studien über die Befruchtung und ging nicht primär von pflanzenanatomischen Fragestellungen aus. Daraus ist es zu verstehen, daß Schleiden seine Befunde über die Zellbildung am Embryosack gewann, in dem es die „freie Zellbildung", die er offenkundig beobachtete, als Ausnahmefall gibt, wenn auch nicht in der von Schleiden beschriebenen Weise. Vor allem resultierte aus diesen Untersuchungen aber wohl der wichtigste Grundgedanke dieser klassischen Arbeit, der ihr erst diese Bedeutung als Ausgangspunkt einer neuen Problemsicht gab: die Forderung, daß das Studium der Entstehung und Weiterentwicklung der Zelle den Schlüssel für die Entstehung aller übrigen Gewebeteile und letztlich für die Gestaltbildung der gesamten Pflanze enthält.
Die morphogenetische Bedeutung der Zelle und ihres Kerns war der Hauptaspekt dieser Zellenlehre, die damit neu begründet wurde, obwohl die Kenntnis der Zellen als Strukturelemente (neben anderen Bauteilen) und vereinzelt auch als Ursprung für Gefäße längst vorlag.
Einen entscheidenden Impuls für diese neuen Gedankengänge bekam Schleiden von dem englischen Botaniker Robert Brown – der schon 1831 (1833) den Zellkern beschrieben und als *nucleus cellulae* benannt hatte – als er auf

einer Reise durch Europa im Herbst 1836 in Berlin weilte und im Hause von Horkel (im Beisein von A. v. Humboldt, anderen Berliner Persönlichkeiten und St. Endlicher aus Wien) mikroskopische Präparate über Embryobildung demonstrierte. Nach Schleidens eigenem Bericht (*Vita*, Univ.-Archiv Jena) führte erst R. Brown ihm die Bedeutung mikroskopischer Forschung und den Wert seiner Entdeckung vor Augen, die er ohne R. Browns Hinweis nie erkannt hätte. Dieser unterstützte Schleiden beim Mikroskopieren „nachsichtig" und sprach sich auf der Rückreise in Hamburg anerkennend über ihn aus. Die „Entdeckung" bezog sich zweifellos auf den Zellkern, dessen konstantes Vorhandensein am Bildungsort jungen Zellgewebes Schleiden bei den Studien über Embryobildung aufgefallen war, und auf das Kernkörperchen (*Nucleolus*), in denen er nun den Ausgangspunkt aller Zellbildung sah. Den Zellkern nennt er deshalb „Cytoblast" (Zellbildner) und kennt kein junges Zellgewebe, in dem er fehlte (außer im Kambium). Daraus leitet er ein „allgemeines Bildungsgesetz für das vegetabilische Zellgewebe" ab (s. S. 55).

Darüber wurde in Schleidens Umgebung in Berlin heftig diskutiert, zumal Meyen, der sich mit gleichen Untersuchungen für sein Werk über Pflanzenphysiologie befaßte, nicht nur seine Ansichten über die Embryobildung ablehnte, sondern das allgemeine Vorkommen eines Zellkerns bestritt und meinte, er fehle den meisten Zellen (1837).

Der Meinungsstreit über den Zellkern und seine Bedeutung, der durch den Besuch R. Browns besonderes Gewicht erhalten hatte, veranlaßte vermutlich in diesen Monaten auch Th. Schwann, bei seinen mikroskopischen Untersuchungen an Froschlarven auf das Vorkommen von Zellkernen aufmerksam zu werden, das Bildungsgesetz noch weiter zu verallgemeinern, sich noch eingehender mit dem Entstehungsvorgang von Kernkörperchen, Kern und Zelle in Analogie zur Kristallbildung zu befassen und eine Zellen-Theorie aufzustellen (s. u.), die weiter geht als Schleidens erste Abhandlung darüber.

Dieser übernahm jedoch dann die durch Schwann modifizierte Zellbildungshypothese zusammen mit einer entschiedenen Forderung, die Botanik ganz auf Entwicklungsgeschichte zu orientieren und alle Prozesse „als Resultat der an den einzelnen Zellen vor sich gehenden Veränderungen zu erklären . . .", in sein programmatisches, einflußreiches Lehrbuch „Grundzüge der wissenschaftlichen Botanik" (Bd. 1, 1842). Zusammen mit einer methodischen Einleitung über induktives Forschen, über das Mikroskopieren und das Sehen wurden die Zellentheorie und die Impulse zu ihrem weiteren Ausbau rasch verbreitet und die falsche Zellbildungshypothese bald berichtigt, der Grundgedanke aber für die gesamte Biologie (und Medizin) zur fruchtbaren Forschungsgrundlage.

Wie seine Abhandlung zur „Phytogenesis" zeigt, beschäftigte Schleiden bei Ausarbeitung seiner Zellbildungshypothese auch stark die chemische Zusammensetzung und physikalische Beschaffenheit des Zelleninhalts, aus dem sich der Kern („Cytoblast") und die neue Zelle bilden soll, den er für eine Gummi- und Zuckerlösung hält und als schleimige oder gallertige Substanz („Zytoplasma" 1842) bezeichnet. Die feinkörnigen Inhaltskörper hält er für gespeichertes Stärkemehl, über deren „konzentrisch-schalige Bildung" er am 20. Februar 1838 in der Gesellschaft Naturforschender Freunde zu Berlin einen Vortrag mit mikroskopischen Demonstrationen anhand mit Jodtinktur gefärbter Präparate hielt. Doch fand er spezielle chemische Untersuchungen über die anorganischen Stoffe im Lebensprozeß der Pflanzen, besonders aus der „Reihe des Stärkemehls und der Holzfaser" und ihrer Umwandlungsprodukte für notwendig, experimentierte selbst darüber und entdeckte 1838 die Blaufärbung von „Cellulose" (Payen 1838) durch Jod und Schwefelsäure, Untersuchungen, die er später in Jena weiterführen ließ. In einem zweiten Vortrag (17. Juli 1838) sprach er über Struktur, Entstehung und Abwandlung von „Spiralfasern", Ring- und Spiralgefäßen und „scheinbar pathologische Zustände" (Protokollband IX).

Durch Vermittlung A. v. Humboldts und der mit Schleidens Familie befreundeten Ärzte Ludwig und Robert Froriep erhielt Schleiden, der im Herbst 1839 in Jena promoviert worden war, Anfang 1840 eine außerordentliche, 1846 eine ord. Honorarprofessur und erst 1850 ein Ordinariat in der Medizinischen Fakultät. Seine erste Vorlesung im Sommer 1840 war „über den Gebrauch des Mikroskops" angekündigt, ein Thema, dem sich Schleiden in der Folgezeit nicht nur in Vorlesungen widmete, sondern vor allem durch Praktika behandelte, die ab 1845 in seinem (zusammen mit Medizinern gegründeten) Physiologischen Privatinstitut neben chemisch-physiologischen Untersuchungen durchgeführt wurden. Diese Lehrveranstaltungen in Jena erhielten für die Weiterentwicklung der Zellenlehre (an der sich Schleiden selbst nicht mehr beteiligte) insofern besondere Bedeutung, als hier Carl Naegeli (1841 oder 1842) sein Schüler wurde und in konsequenter Anwendung seiner Methoden 1844 die Zellbildungshypothese durch exakte Beschreibung der Zellteilung berichtigen konnte. Seine Arbeit über „Zellkern, Zellbildung und Zellenwachstum bei den Pflanzen" erschien im ersten Band (1844) der mit Schleiden gemeinsam begründeten „Zeitschrift für wissenschaftliche Botanik", die gleichzeitig das neue von Schleiden inaugurierte Forschungsprogramm zum Ausdruck brachte. Auch die Schüler H. Schacht und L. Radlkofer haben in der weiteren Geschichte der pflanzlichen Zellen- und Gewebelehre maßgebliche Rollen gespielt und die Zytologie weiterverbreitet, Schacht durch sein Lehrbuch über „Die Pflanzenzelle" (1852), Radlkofer durch Berichtigung der Horkel-Schleidenschen Befruchtungshypothese („Die Befruchtung der Phanerogamen" 1856) und die Anwendung der Zytologie in der Pflanzensystematik. Eine mehr indirekte, aber sehr weittragende Bedeutung hatte die Schülerschaft von Carl Zeiss, der 1845–46 Schleidens Vorlesungen und mikroskopische Praktika besuchte, durch ihn mit den Anforderungen der Biologen an ein gutes Mikroskop vertraut gemacht, zum Bau derselben ermutigt und bei Gründung eines „mechanischen Ateliers" (1846) in Jena gutachtlich unterstützt, die Keimzelle einer optischen Industrie schuf; damit war die Voraussetzung für zytologische Forschungen auf breiter Grundlage geschaffen.

Als bedeutendster Mitstreiter in der Pflanzenanatomie zur Zeit der Begründung der Zellenlehre muß noch auf H. von Mohl und dessen frühe und spätere Erkenntnisse über den Zellbildungsprozeß eingegangen werden. Er gehörte neben R. Brown zu den wenigen Botanikern, die Schleiden mit Hochachtung nennt und nie angriff, obwohl sich Mohl erfolgreich an der Berichtigung seiner falschen Hypothesen beteiligte. H. v. Mohl, „ein optisch gut geschulter Mikroskopiker, ein gründlicher und sehr sorgfältiger Beobachter", wird von M. Möbius geradezu als „der Begründer der neueren

Pflanzenanatomie" angesehen (1937, S. 167). Schon bei der monographischen Darstellung der Anatomie und Physiologie des Palmenstammes (*De palmarum structura*, hrsg. v. Martius, 1831) hatte er die Entstehung der Gefäße aus Zellen beschrieben, 1834 „den Bau und die Formen der Pollenkörner" untersucht und 1835 bei *Characeen* die Zellteilung als Zellbildungsmodus gesehen (die Schleiden als Sonderfall zitiert). Nach Veröffentlichung von Schleidens und Schwanns Zellbildungshypothese verstärkte er die mikroskopischen Untersuchungen, die er vornehmlich der Zellwand und dem Zellinhalt widmete. Er erkannte die Besonderheit der zähen, mit Körnchen vermengten Zellinhaltssubstanz, für die er 1844 den Namen *Protoplasma* einführte, und unterschied außerdem eine das *Protoplasma* umgebende, von der Zellwand getrennte Hautschicht („Primordialschlauch"), die später (Pringsheim 1854, Hofmeister 1867) als nur dichtere Schicht des gleichen *Protoplasmas* identifiziert wurde. Das waren wichtige Stationen auf dem Wege zu einer Reform des Zellenbegriffs und der Zellenlehre, die aus der Zoologie kam (s. u.). Mohl behandelte die Pflanzenzelle als erster monographisch in seiner Schrift „Grundzüge der Anatomie und Physiologie der vegetabilischen Zelle" (1851). Sie war im gleichen Jahr erschienen wie W. Hofmeisters „Vergleichende Untersuchungen der Keimung, Entfaltung und Furchenbildung höherer Kryptogamen . . ." (1851), die als Marksteine in der Entwicklungsgeschichte der Pflanzen nach Schleidens provokatorischer Arbeit von 1838 gelten.

Auch Mohl verfaßte ein Lehrbuch über mikroskopische Technik mit dem Titel „Mikrographie oder Anleitung zur Kenntnis und zum Gebrauch des Mikroskops" (1846), dem für die Botanik bald auch Schacht (1851) mit dem A. v. Humboldt gewidmeten Buch „Das Mikroskop und seine Anwendung" folgte. Humboldt hatte die mikroskopischen Forschungen in Berlin mit Anteilnahme verfolgt, sich von Schacht noch 1851 Unterricht im Mikroskopieren geben lassen und von Ehrenberg über die Vorzüge der verschiedenen Mikroskope (Oberhäuser, Plössl, Schieck) Auskunft verschafft (Briefe Humboldts an Ehrenberg). Der Schleiden-Schwannschen Zellenlehre, deren Geburtsstunde er (anläßlich des Besuches von R. Brown in Berlin, s. o.) gewissermaßen miterlebte, stand er anfangs skeptisch gegenüber – wohl von Ehrenberg, der sie zeitlebens ablehnte, beeinflußt – nahm sie aber (noch mit der falschen Zellbildungshypothese) in seinen „Kosmos" (Bd. 1, 1845, S. 377) auf.

Erkenntnisse in der tierischen Histologie durch die Physiologenschulen von Johannes Müller und Jan Evangelista Purkyně und die Bedeutung der „Zellentheorie" von Theodor Schwann (1839)

Es ist bei der Entwicklung der pflanzlichen „Zellenlehre" auf die schon vor Schleiden vorhanden gewesenen Einsichten in den zelligen Aufbau von Pflanzengeweben und auf die besonderen Umstände an der Berliner Universität hingewiesen worden, die zu Schleidens Arbeit geführt hatten (s. S. 19f.). In den gleichen Rahmen sind auch die „Mikroskopischen Untersuchungen ..." von Th. Schwann eingebettet, die durch Teilerkenntnisse über die Bildung tierischer Gewebe vorbereitet waren.

Theodor Schwann, 1810 in Neuß am Rhein als Sohn eines Goldschmieds (und späteren Verlegers) geboren, studierte ab 1829 Medizin in Bonn (wo er u. a. auch „allgemeine Botanik" bei L. Chr. Treviranus hörte), in Würzburg und ab 1833 in Berlin, wohin Joh. Müller aus Bonn anstelle des 1832 verstorbenen K. A. Rudolphi als Anatom und Physiologe berufen worden war. Schwann erhielt von Müller ein entwicklungsphysiologisches Thema „über die Notwendigkeit der atmosphärischen Luft zur Entwicklung des Hühnchens im bebrüteten Ei" (lat. 1834), wozu er sich vor allem experimentelle und chemische Methoden erarbeiten mußte. Auch in den folgenden Jahren als Assistent Joh. Müllers am Anatomisch-zootomischen Museum führte er experimentell-physiologische Untersuchungen durch, über den Verdauungsprozeß durch Magensaft, den er „Pepsin" nannte (1836), eine von Purkyně auf der Naturforscherversammlung in Prag 1837 gewürdigte Entdeckung, über die Muskelkraft und über die Nichtexistenz der Urzeugung, wozu er auf der Naturforscherversammlung in Jena (1836) Experimente vorführte. Mikroskopisch-histologische Arbeiten führte Schwann zu dieser Zeit über die Entwicklung der Gefäße, die Zusammensetzung der Gefäßwände und ihre Kontraktilität (mit einem Schiekschen Mikroskop) durch, wobei er die elastischen Fasern beschrieb (1836). Die Ergebnisse fanden Aufnahme in J. Müllers „Handbuch der Physiologie des Menschen" (2. Bd. 1840) und wurden in dem von ihm begründeten „Archiv für Anatomie, Physiologie und wissenschaftliche Medicin" in dem jährlichen „Bericht über die Fortschritte der anatomisch-physiologischen Wissenschaften" referiert, in dem auch neue in- und ausländische Ergebnisse (wie z. B. diejenigen von Purkyně und seinen Schülern) ausführlich mitgeteilt werden. Daraus geht hervor, wie gut die wissenschaftliche Kommunikation, wie schnell der Informationsfluß und wie ähnlich die untersuchten Themen zwischen den Physiologenschulen damals waren. Denn Joh. Müller berichtet im gleichen Band (1838), in dem Schleidens „Phytogenesis" publiziert ist, über zahlreiche andere Beobachtungen von „Zellen mit Kernen", so durch Henle, Valentin und Donné im Epithel von Schleimhäuten, durch Purkyně (1837) und Henle (1838) im Drüsengewebe: „Beide Beobachter erkannten im Innern der Drüsenkanälchen eine aus mikroskopischen Körperchen mit Kernen zusammengesetzte Schichte, welche Körnchen Purkinjě *Enchyma* nennt, Henle mit den Epitheliumzellen zusammenstellt. Ja die ganze *Substantia propria* der Gallenkanälchen, Harnkanälchen, Speichelkanälchen ist ganz aus diesen Teilchen zusammengesetzt. Ebenso die Drüsen ohne Ausführgänge. Purkinjě vergleicht die Körnchen des *Enchyma* den Elementarteilen der Pflanzen, wo jedes Zellchen seine *vita propria* hat, aus deren allgemeinem Safte sich einen spezifischen Inhalt bereitet und die Absetzung eigentümlicher Stoffe in eigene Saftbehälter vermittelt. Purkinjě hat auch über die Anordnung dieser Teilchen in den Magendrüsen der Wiederkäuer, der Fleischfresser und des Menschen Beobachtungen mitgeteilt." (S. XCV).

Diese ausführliche Mitteilung der wichtigen Beobachtung von Purkyně in Müllers Archiv wird in Veröffentlichungen über die Vorläufer der Zellentheorie meist ignoriert.

Purkyněs Beobachtung ist wiederholt angeführt worden, um die scheinbar ungerechtfertigte Zurücksetzung von Purkyně und seiner Schule bei der Begründung der „Zellentheorie" zu beweisen (Studnička 1927, 1931), zumal er das Elementarorgan viel richtiger beschrieben und definiert hat.

Joh. Müller berichtet auch noch über die Beobachtungen von Turpin, der in der Scheidenschleimhaut „wahre, organisierte

Bläschen“ sah und mit dem „Zellengewebe der Pflanzen“ verglich (auch in dem Innern der Bläschen „eine neue Generation von Körperchen“ sich entwickeln sah!), sowie von Dumortier über die erste Bildung der Leber bei Mollusken aus Zellen, in denen wieder sekundäre Zellen entstehen (S. XCVI).

Zur unmittelbaren Vorgeschichte von Schwanns Hypothesenbildung wären nun vor allem noch J. Müllers eigene entwicklungsgeschichtliche Untersuchungen zu nennen, die ihn bei der *Chorda dorsalis* von Fischembryonen 1834 auf „dicht aneinanderstoßende Zellen“ aufmerksam werden ließen, „die den Pflanzenzellen analog sind“. Auch hierüber lagen schon parallele Studien aus der Breslauer Schule Purkyněs vor, G. Valentin und Meckauer hatten 1835, 1836 im Knorpelgewebe, Valentin 1835 in der *Chorda dorsalis*, im Knochengewebe, 1836 im Nervengewebe und 1837 in der Pigmentschicht der Netzhaut jene „Körperchen“ oder „Körnchen“ beobachtet, ja Valentin hatte 1835 für eine Schrift über die Entwicklung der tierischen und pflanzlichen Gewebe den großen Preis der Pariser Akademie der Wissenschaften bekommen und in seinem „Handbuch der Entwicklungsgeschichte“ (1835) ebenfalls Vorstellungen über die Entstehung der „Körperchen“ aus einer Urmasse des Keimes entwickelt.

In der Medizin und Zoologie lag die Gesamtsituation also insofern anders als in der Botanik, als schon im ersten Drittel des 19. Jh. in großer Breite entwicklungsgeschichtliche Untersuchungen mit dem Mikroskop durchgeführt wurden und verschiedenartigste Kügelchen und Körnchen bei der Gewebebildung beschrieben worden waren, ohne daß eine die diversen Beobachtungen unter einheitlichem Aspekt zusammenfassende Hypothese existiert hätte.

Es ist für die Beurteilung der Wirksamkeit oder Unwirksamkeit all dieser Beschreibungen nicht unwichtig, daß sich die meisten Mitteilungen über Körnchen oder Kügelchen einer anderen primären, größtenteils physiologischen Fragestellung unterordneten (wenn nicht gar einer philosophischen wie die der Leibnizschen Monadenlehre im Beispiel des Bonner Anatomen A. F. J. C. Mayer), einer Fragestellung, die von den traditionellen histologischen Elementen wie Drüsengewebe, Nerven, Epithel, Knochensubstanz ausging, deren Entstehung und Funktionen mehr interessierten als die Entstehung ihrer Feinstrukturen, die letztlich als das sekundäre Produkt aufgefaßt wurden. Das geht aus den referierten Arbeiten deutlich hervor und wird auch aus den einleitenden Bemerkungen in Schwanns „Vorrede" (S. XI f.) ganz klar (s. S. 83 f.), die keiner weiteren Erläuterung bedarf. Am aufschlußreichsten ist das zeitgenössische Urteil Joh. Müllers, der im gleichen Jahresbericht von 1838 (s. o.), also noch vor den Veröffentlichungen von Schwann selbst, den Wert und den Akzent der Entdeckungen von Schleiden und Schwann darin sah, daß jener „die Entstehung neuer Pflanzenzellen in den Mutterzellen aus den darin abgelagerten Kernen" erkannte, dieser „die gleiche Bildungsart der Zellen bei den Thieren" und „die Genesis aller thierischen Gewebe aus Zellen und ihre Umwandlung in die späteren Gewebe ... Beobachtungen, welche eine Theorie der Vegetation, Zeugung und Entwicklung der organischen Wesen möglich machen, und die Zellen der organischen Wesen mit allen darin vorsichgehenden und von Schwann bereits bis in das kleinste Detail verfolgten Veränderungen zu einer solchen Wichtigkeit erheben, daß es sich jetzt für die Fundamente der Physiologie um nichts weniger als eine Metaphysik der Zellen handelt". (S. XCVI). Hierin ist eindeutig ausgesprochen, daß Joh. Müller und seine Zeitgenossen unter der „Zellentheorie" in erster Linie eine Theorie der gesamten Individualentwicklung der Organismen verstanden, keineswegs nur den histologischen Befund übereinstimmender Zellstrukturen bei Pflanzen und Tieren, wie aufgrund des Titels von Schwanns Arbeit oftmals angenommen wird. Die von Müller hervorgehobenen detaillierten Prozesse im Innern der Einzelzelle, die die Analogie der Zellenneubildung mit dem Kristallisationsvorgang in anorganischen Flüssigkeiten begründen sollten, nehmen den umfänglichsten Teil des Kapitels über die „Theorie der Zellen" ein und waren schon wenige Jahre später völlig überholt. Im Zusammenhang mit dieser Zellbildungshypothese, die über Schleidens Vorstellungen weit hinausgeht, steht die Bezeichnung des Zelleninhalts – als Flüssigkeit gedacht – als „Cytoblastem", d. h. Zellenkeimstoff, und die Rückführung der organischen Zelle auf anorganische Grundsubstanzen bzw. auf anorganische Gestaltungsprozesse wie die Kristallisation. Schwann gab damit den eigentlichen Anstoß zu einem konsequenten „Reduktionismus" in der Physiologie des 19. Jh.

und damit zu materialistischer, der chemischen Kausalanalyse zugänglichen Betrachtungsweise des Organismenreiches. Kernkörperchen, Kern und Zelle sind für Schwann nur verschiedene Stadien der Zellentstehung, deren Ursache in der übersättigten „Mutterlauge", dem nährstoffreichen Cytoblastem, liegt, das im tierischen Organismus nicht nur innerhalb von Zellen vorkomme; die Entstehung von Zellen in Zellen hält er bei tierischen Organismen für eine Ausnahme, während sie Schleiden als Hauptprinzip im Pflanzenreich betrachtete. Eingehend widmet sich Schwann der Entstehung der Zellenmembran, die er ebenfalls mit submikroskopischen Vorgängen (Einlagerung von Molekülen, verschiedene Kombination von Atomen und Molekülen) zu erklären sucht und die Anziehungskraft als Grundkräfte auch für den molekularen Aufbau der Elementarteile auffaßt.

Mit seiner „Theorie der Zellen" als Ausgangspunkt für eine „Theorie des Organismus" (s. S. 99) geht Schwann konsequent den von Schleiden gewiesenen Weg weiter, sich über die Entstehung des Grundelements, der Zelle, Aufschluß zu verschaffen. Seine Ergebnisse aber und seine „Theorie" haben mit Schleidens erster Anregung nur noch wenig zu tun.

Über diesen Anstoß wurde schon oft berichtet. Schwann selbst erzählte die Episode anläßlich der von der Universität Lüttich veranstalteten Feier zu seinem 40jährigen Dienstjubiläum (1878); danach habe ihm Schleiden im Oktober 1837 die Bedeutung des Zellkerns für die Entwicklung der Pflanzenzelle dargelegt, die er im Anschluß an R. Browns Hinweise genauer untersucht hatte (s. o.). Die Schilderung Schleidens weckten bei Schwann Assoziationen zu eigenen Beobachtungen an der Chorda dorsalis und dem Kiemenknorpel von Froschembryonen, die er eben mikroskopierte, und zu Bemerkungen Joh. Müllers, der in der Chorda dorsalis von Fischembryonen schon 1834 „dicht aneinanderstoßende Zellen, die den Pflanzenzellen analog sind", beschrieben hatte (Schwann arbeitete damals jeden Vormittag im gleichen Arbeitsraum mit Joh. Müller im Anatomischen Theater, wo ein einziges Mikroskop zur Verfügung stand und Beobachtungen sofort ausgetauscht werden konnten; nach Watermann 1960, S. 20). Nachdem Schwann die Kerne in den Zellen der Chorda dorsalis unter seinem Mikroskop sofort Schleiden gezeigt und dieser die Analogie zu den kernhaltigen Pflanzenzellen bestätigt hatte, vermutete er, daß auch das gleiche Entwicklungsprinzip vorhanden sein könne. „Von diesem Moment ab richteten sich alle meine Bemühungen darauf, den Beweis für die Präexistenz des Kernes vor den Zellen zu erbringen“ (Schwann 1879, S. 51; zit. nach Watermann 1960, S. 99). Daraufhin untersuchte er die verschiedensten Gewebe unterschiedlicher Tierembryonen (Fische, Frösche, Kröten, Hühnchen und andere Vögel, Schwein, Rind und Mensch) und kam zu übereinstimmenden Ergebnissen, wie sie ausführlich im zweiten Abschnitt seines Buches (1839, S.88) beschrieben werden wo auch die sehr einfache Präparationstechnik geschildert wird.

Man muß sich die Technik dieser mikroskopischen Beobachtungen vergegenwärtigen, um die Ergebnisse und ihre Deutungen bewerten zu können. So wurden von den Gewebestücken mit dem Rasiermesser dünne Handschnitte angefertigt, in Wasser gelegt und mit der Präpariernadel auseinandergezerrt oder mit einem dünnen Glasplättchen leicht gequetscht und hin- und herbewegt, wodurch sich die Zellen oder deren Inhalt isolieren ließen. Färbemethoden gab es noch nicht, wenn man von der häufig angewandten Jodtinktur absieht. Obwohl das frische Gewebe nicht in fixiertem, gehärtetem Zustand untersucht wurde, konnte dennoch kein Zellbildungsvorgang wirklich im Prozeß des Entstehens verfolgt werden. Man sah bestenfalls einzelne Stadien (wie sie von Schwann auch wahrheitsgetreu abgebildet worden sind) und mußte den Prozeß selbst gedanklich rekonstruieren und zu Hypothesen Zuflucht nehmen. Was diese Methode dennoch leisten konnte, zeigen Joh. Müllers Studien über die Echinodermen (Stachelhäuter), deren Entwicklung noch nicht vom Ei ab unter dem Mikroskop verfolgt, sondern nur durch Kombination der einzelnen Larvenstadien hypothetisch erschlossen werden konnte. Dementsprechend beurteilte Schwann auch die schon vorliegenden Beobachtungen über Zellteilung (z. B. durch den Embryologen K. E. von Baer) als Hypothese, die der Nachprüfung bedarf, und deutete sie nach seiner „Theorie“, zumal zu dieser Zeit die Eier noch nicht als Einzelzelle bewertet wurden (s. u.).

Die Benutzung des Kristallisationsvorganges als Modell für den Zellbildungsprozeß mag ebenfalls durch Anregungen aus dem Berliner Milieu erklärlich sein. Hier lehrte nicht nur der

Mediziner C. H. Schultz-Schultzenstein, der in seiner Schrift 1823 die Kristallbildung als Lebensprozeß beschreibt und vermutet, daß die Erzeugung der Lebewesen „eine Kristallisation" sei. Ausschlaggebender scheint der Umstand gewesen zu sein, daß im Mineralogischen Museum der Universität Berlin die Kristallographie durch C. S. Weiss eine Heimstatt hatte und in den 30er Jahren sein Schüler G. Rose durch sein Lehrbuch „Elemente der Krystallographie" (1833, 2. Aufl. 1838) Diskussionen über Kristallisationsprinzipien auslöste. Im gleichen Stockwerk wie das Anatomisch-zootomische Museum (in dem Schwann als Assistent fungierte) hatte Rose ein Laboratorium für experimentelle Untersuchungen eingerichtet und 1838 ein Mikroskop zum Studium der „Bildungsbedingungen polymorpher Minerale" gekauft. Schon 1836 waren erste Ergebnisse „bei der mikroskopischen Unterscheidung feinster Mineralbildung aus Lösungen" publiziert worden (Hoppe 1982) und sowohl durch Weiss als auch durch G. Rose in der Gesellschaft Naturforschender Freunde zu Berlin Vorträge über Kristallisation gehalten worden (Protokollband IX).

Diese Vortragssitzungen gewährleisteten einen interdisziplinären Erfahrungsaustausch zwischen den Mineralogen, Botanikern, Medizinern und Zoologen, besonders über mikroskopische Demonstrationen; so äußerte sich auch Link „über mikroskopische Beobachtungen von der Entstehung der Kristalle" (15. 1. 1839) oder Ehrenberg über „normale Krystallbildung im lebenden thierischen Körper" (18. 6. 1833), über den Kieselpanzer der Infusorien (Jan. 1838) und über „roten Schnee" (16. 5. 1839), worüber Ehrenberg mit H. v. Mohl korrespondierte, der ihm Präparate dieser roten Mikroorganismen (*Protococcus nivalis* Ehrenbg.) zuschickte (Brief v. 22. 5. 1834).

Die mikroskopischen Studien von Chr. G. Ehrenberg in den 30er Jahren, zur Zeit der Geburt der Zellentheorie, verdienen insofern Beachtung, als auch er sich um die Verbesserung der mikroskopischen Technik bemühte und seine Ergebnisse unermüdlich mehrmals monatlich in Vorträgen über „Infusorien" oder über das Nervensystem der Wirbellosen und Wirbeltiere demonstrierte (Protokollbände VIII und IX der Ges. Naturf. Freunde zu Berlin). Aber er wird im Zusammenhang mit der Zellenlehre stets nur wegen seiner „abweichenden

Ansichten" zitiert, wie es Max Schultze (1861, S. 19; s. S. 147) getan hat; dieser bezieht sich damit auf Ehrenbergs Werk über „Die Infusionsthierchen als vollkommene Organismen" (1838), das im Geburtsjahr der Zellentheorie erschien, aber die Protozoen nicht als Einzeller interpretierte, sondern ihnen eine vollkommene innere Organisation zuschrieb wie vielzelligen Organismen (als Gegenargument gegen die naturphilosophischen Ansichten über eine Urzeugung von Infusorien aus Schlamm). Obwohl Ehrenberg zeitlebens an seiner Auffassung festhielt und die Zellenlehre ablehnte, trugen seine mikroskopischen Studien, bei denen er ab 1830 schon Teilungsprozesse an Protozoen beschrieb, wesentlich zur Kenntnis der Formenvielfalt der Mikroorganismen bei, sowohl der heute lebenden als auch der fossilen.

Einen bedeutenden Beitrag aber leistete Ehrenberg zur Entdeckung der Nervenzellen, von denen er als erster 1833 eine „überzeugende Darstellung und Beschreibung" gab. Eindeutig gibt er den Unterschied in Struktur und Größe zwischen Nervenzellen und Blutzellen wieder (1834) und stellte selbst bei Insekten und anderen Wirbellosen die „keulenartigen Organe" mit Zellkern oder die „keulenförmigen Körper" mit dicken Zellfortsätzen so überzeugend dar, daß sie mit Sicherheit als Nervenzellen identifiziert werden können (Kirsche 1977). Auf diesen Entdeckungen bauten Valentin und Purkyně ihre weiterführenden Untersuchungen auf, beide beriefen sich bei ihren mikroskopischen Hirnforschungen auf Ehrenberg; Valentin bildete erstmals 1836 eine Nervenzelle des Menschen ab, die er als „Kugel" mit einem „keimbläschenartigen Kern" beschreibt, und Purkyně schilderte 1837 die „ganglιösen Körperchen" mit dem „zentralen Kern" und den Fortsätzen im Groß- und Kleinhirn (a. a. O.).

Wie schwierig die Anwendung der Zellenlehre auf die Deutung der mikroskopischen Bilder selbst für den Begründer der Zellentheorie war, zeigt die Beschreibung der Nerven in Schwanns klassischer Arbeit von 1839, wo er in Anlehnung an Valentin von „Ganglienkugeln" statt von Nervenzellen spricht und sie innerhalb einer Zelle entstehen läßt (s. Schwann 1839, Tab. IV, Fig. 10).

Noch während der Beendigung seines Buchmanuskriptes erhielt Schwann einen Ruf als Ordentlicher Professor für Anatomie an die belgische Universität Löwen (Louvain), verließ im

März 1839 Berlin und begann schon im April seine Vorlesungen im neuen Amt. So ist zu verstehen, daß er keine weiteren Untersuchungen zur Zellentheorie veröffentlichte. Wesentlich später, lange nach seinem Wechsel an die Universität Lüttich (1849), wo er bis zu seinem Tode blieb, begann er 1866 eine Versuchsreihe über die Frage der „imbibitionsfähigen Kristalle" und protokollierte in seinem Tagebuch „Expériences VI (1857–1874)" die Aufnahmefähigkeit kolloidaler organischer Substanzen für wäßrige oder ölige Farblösungen (Watermann 1960, S. 136 f.). Doch wurden keine Ergebnisse darüber veröffentlicht.

Inzwischen war die Zellenlehre unter Sichtung und Vereinigung aller Beobachtungen durch Botaniker, Zoologen, Mediziner erheblich weiterentwickelt worden, indem die falsche Zellbildungshypothese von Schleiden und Schwann sukzessive korrigiert wurde; doch wird das nicht der einzige Grund für die Wiederaufnahme solcher Versuche gewesen sein. Aus seinen nachgelassenen Manuskripten und Tagebüchern ist ersichtlich, daß Schwann, der zeit seines Lebens ein gläubiger Katholik war und sich viel mit theologischen, philosophischen und psychologischen Fragen befaßte, ein größeres Werk über eine „Theorie der Schöpfung" plante, in dem er die Vielfalt der organischen und anorganischen Erscheinungsformen auf einige Grundprinzipien zurückführen wollte, die mit der naturwissenschaftlichen Forschung im Einklang standen. Deshalb setzte er sich auch mit den zeitgenössischen Erkenntnissen über „Moleküle" und „Atome" und den in ihnen bzw. durch sie wirkenden Kräften auseinander (a. a. O. S. 130 ff.). Sein Glaube an einen Schöpfergott, dem „die Materie mit den ihr innewohnenden Kräften ihre Existenz ... verdankt" (1839, S. 224; s. S. 101), hinderte Schwann ebenso wenig wie Ch. Darwin, der übrigens fast zur gleichen Zeit (1838) seine Abstammungstheorie konzipierte, dem materialistischen Denken in der Naturforschung des 19. Jh. die Bahn zu brechen.

So stellt auch die klassische Arbeit Schwanns mit seiner „Theorie der Zellen" – trotz ihrer falschen Deutungen und Hypothesen – aus drei Gründen einen Markstein in der Geschichte der Biologie und Medizin dar:

1. Sie erhob das Entwicklungsprinzip zum allgemeinen Forschungsgrundsatz in der Histologie.
2. Sie verhalf der materialistischen Konzeption und Kausal-

analyse in der Tierphysiologie und Embryologie zum Durchbruch.
3. Sie stellte das Zellindividuum in den Mittelpunkt mikroskopischer und experimenteller Forschung und regte die theoretische Auseinandersetzung auf breiter Basis an.

Die Wirkung der Schleiden-Schwannschen Zellenlehre in der Weiterentwicklung der Zellenforschung bis zu ihrer „Reform" durch Max Schultze (1861)

Über die Wirkung der beiden klassischen Arbeiten, die Joh. Müller schon 1838 für bedeutend hielt (s. o. S. 27), gibt es zeitgenössische Urteile. So hatte Carl Vogt (damals in der Schweiz bei Valentin) 1841 geschrieben: „Es ist vor der Hand unmöglich, alle die Folgen zu übersehen, welche die neue Betrachtung der Entwicklung der Gewebe uns bringen wird, zu welcher Schwanns Untersuchungen den Grundstein legten" (nach Watermann 1960, S. 139), und er studierte an Eiern der Geburtshelferkröte die ersten Furchungsprozesse, wobei er zu anderen Ergebnissen für die Zellbildung als Schwann kam.
Der Purkyněschüler G. G. Valentin, seit 1836 Professor für Physiologie an der Universität Bern, nahm schon in seinem Beitrag in R. Wagners Lehrbuch der speziellen Physiologie (1839, S. 132 ff.) zur Vorveröffentlichung von Schwanns Untersuchungen (1838) Stellung, die er „als eine wesentliche Vervollständigung" der schon vorher von ihm selbst nachgewiesenen Analogien tierischer Gewebe mit Pflanzenzellen bezeichnet. Zu der von Valentin beanspruchten Priorität äußerte sich Schwann noch in einem Anhang zu seiner klassischen Arbeit (1839, S. 260–266), indem er durch Gegenüberstellung der Aussagen nachwies, daß „die Idee, ein tierisches Elementargebilde mit einer Pflanzenzelle in Bezug auf eine gleiche Entstehungsweise zu vergleichen", bei Valentin vorher nicht vorlag, der ebensowenig „das Prinzip der gleichen Bildungsweise" aller, auch physiologisch sehr verschiedener, Elementarteile daraus abgeleitet habe. Zweifellos lag der Schwerpunkt von Valentins Interessen und der Fragestellungen seiner mikroskopisch-histologischen Studien auch nach 1839 auf funktionellen Vorgängen in verschiedenartigen Geweben, und er ging in seinem Lehrbuch (1844) von der Voraus-

setzung aus, daß „ungleichartige Elementarteilchen ... auch ungleiche Wirkungen bedingen" müssen. Mit seinem Anliegen, „eine engere Verbindung der experimentellen Physiologie mit der mikroskopischen Gewebelehre zu schaffen, gehörte er zu den Begründern der „Histophysiologie" (Rothschuh 1971), die auf die Zellenlehre nach 1840 zurückwirkte und sie zu modifizieren half (s. u.).

Wie Valentin, so wandte auch J. E. Purkyně selbst die mikroskopischen Methoden primär zur Lösung physiologischer Fragen an. In diesem Zusammenhang hatte er in den verschiedensten tierischen Geweben des Sinnes- und Nervensystems, des Verdauungs- und Muskelapparates, der Ei- und Embryonalentwicklung lange vor Schwann auch Zellen gesehen, die er zutreffend als „Körnchen" bezeichnete, und 1837 in seinem vielzitierten Vortrag „Über den Bau der Magen-Drüsen und über die Natur des Verdauungsprocesses" die zusammenfassende Ansicht geäußert, der tierische Organismus reduziere sich „fast ganz in drei Elementar-Hauptformen: die flüssige, die körnige und die faserige". Dann setzte Purkyně „die körnige Grundform" den Pflanzenzellen gleich und spricht auch von einem „Bildungsprozeß" (s. o. S. 25), schränkte aber eine Verallgemeinerung für die tierischen Gewebe sofort wieder ein. Zum Schluß sprach er die Erwartung aus, „daß die spezielle Betrachtung der körnigen Enchyme, sobald sie nur weiter fortgeschritten sein wird, auch in der Entwicklungsgeschichte des Embryo und in der Pathogenie der Entzündung, der Eiterung und der Pseudoplasmen manchen Lichtblick gewähren werde".

Für Purkyně brachte der Titel von Schwanns Buch also keine überraschend neuen Erkenntnisse hinsichtlich der „Übereinstimmung" tierischer und pflanzlicher Grundelemente, aber er wandte sich in einem Vortrag vor der „Gesellschaft für vaterländische Kultur" in Breslau (1839) und in einem Artikel in den Berliner Jahrbüchern für wissenschaftliche Kritik (1840) entschieden gegen Schwanns Auffassung von der „Zelle"; er wollte diesen Begriff getrennt wissen von seiner Charakterisierung der Grundelemente als solide, kernhaltige Körnchen sowohl bei Pflanzen wie bei Tieren, während er „Zellen" nur als spätere, sekundäre Gebilde auffaßte, die der Tierkörper nur selten aufwies, der aber außerdem noch „Fasern" und homogenes „Enchym" enthalte (Studnicka

1927). Auf diese richtigere Charakterisierung der Zellsubstanz, für die Purkyně in einem Vortrag 1839 (Arb. Schles. Ges. Vaterl. Kultur 16, 1840) den Ausdruck „Protoplasma" geprägt hatte, kam später M. Schultze wieder zurück und führte sie definitiv in die Zytologie ein (s. u.).

Ein ungeklärtes Problem blieb lange Zeit die richtige Deutung von Purkyněs früher Entdeckung des „Keimbläschens" im Vogelei (1825), dem Eikern, über dessen Einordnung innerhalb seiner Zellentheorie auch Schwann im Zweifel blieb. Er hatte nicht zu entscheiden gewagt, „ob das Keimbläschen eine junge Zelle oder der Kern der Eizelle sei" (1839, Nachtrag S. 258), obwohl er das Ei der Säugetiere unzweideutig als Einzelzelle identifizierte und ihren Kern als „Keimbläschen". Wie er glaubte aber auch Purkyně noch nach 1850 im Dotter des Vogeleies mehrere „Zellen" zu erkennen, und die von Schwann übernommene falsche Zellbildungshypothese von der Entstehung der Zellen in Zellen hinderte ihn an der Deutung auch des Vogeleies als Einzelzelle (Frankenberger 1959). Die generelle Klärung gelang erst 1861 C. Gegenbaur (s. u.). An den Fortschritten in der Zellforschung war Purkyně besonders durch Weiterentwicklung der mikroskopischen und histologischen Technik maßgeblich beteiligt, vor allem durch Einführung geeigneter Fixier- und Härtungsmethoden, Färbe- und Schneidetechniken, wie der ersten Konstruktion eines Tellermikrotoms zur Anfertigung von Serienschnitten (ab 1841) in Purkyněs Breslauer Physiologischem Institut durch A. Oschatz (Sajner 1959).

Das stärkste Echo und weittragende Auswirkungen hatten Schwanns Ergebnisse im Kreis der Müller-Schüler in Berlin. Einen Eindruck davon vermitteln die Briefe des Studenten E. Du Bois-Reymond an seinen Freund E. Hallmann, dem er am 27. 5. 1840 berichtete, Joh. Müller bringe in seinen Vorlesungen „an Neuem nur dann etwas vor, wenn er die Zellentheorie auf diese Gegenstände" anwende. Dadurch wurden Assistenten und Studenten zu eigenen Untersuchungen auf diesem Gebiet angeregt; C. B. Reichert verfaßte eine Entwicklungsgeschichte der Wirbeltiere, „gestützt auf die Theorie der Zellen" (1840), die Aufsehen erregte (wie Du Bois-Reymond damals mitteilte), und er beobachtete 1847 an Samenzellen des Spulwurmes (*Ascaris*) den Beginn einer Kernteilung. Auch Du Bois-Reymond brannte vor Begier,

„diese große Theorie einer eigenen Prüfung zu unterwerfen", und beschloß ebenfalls, sich der Entwicklungsgeschichte zu widmen. In einer Abhandlung „über die Furchung des Dotters" suchte er, „dieses interessante und schöne Phänomen auf die Schleidensche und Schwannsche Theorie der Zellenbildung" zurückzuführen, und schrieb begeistert an Hallmann (1841): „Schwann ist für mich eine Art von Halbgott. Seine Art, Versuche anzustellen, ist ganz unvergleichlich. Der theoretische Teil seines Buches, das ich neulich wiederlas, ist über die Maßen herrlich. Welch ein Stil! Diese Ruhe und Klarheit existiert nicht zum zweiten Male." Nach Schwanns Vorbild bejahte er schließlich die Rückführung der Lebensphänomene auf physikalische und chemische Prozesse und wandte sich gegen jede Art von vitalistischer Erklärung.
Einen bedeutenden Beitrag zur Berichtigung der irrigen Zellbildungshypothese leistete R. Remak, der schon 1841 die Zellteilungsstadien an Blutkörperchen von Hühnerembryonen beschrieb (Med. Zeitschr. 10, S. 127) und 1852 die Zellteilung als die allgemeingültige Vermehrungsweise der Zellen erkannte, der eine Kernteilung vorausgeht („Über extracelluläre Entstehung thierischer Zellen und über Vermehrung derselben durch Theilung", in: Müllers Archiv f. Anat., Physiol. u. wiss. Med. 1852, S. 47--57).
Entscheidend beeinflußt von der „Zellentheorie" wurde R. Virchow, der 1839 bei Joh. Müller zu studieren begann. Wie J. Henle (damals noch Privatdozent in Berlin) wandte Virchow die „Zelltheorie" auf mikroskopische Untersuchung kranker Gewebe und bald auf die gesamte Krankheitslehre an, glaubte aber noch bis 1847 an eine Form der Zellbildung nach Schwann und Schleiden in einer homogenen Flüssigkeit. Während seiner Lehrtätigkeit in Würzburg und intensiver mikroskopischer Studien (neben dem Anatomen und Zoologen A. Koelliker, der schon 1844 die Teilung von Sepia-Eiern beschrieb) kam Virchow zur gleichen Überzeugung wie sein Freund Remak und erkannte, daß sich die Zellen nicht frei in einer strukturlosen Flüssigkeit bilden, sondern durch Teilung von einer schon vorhandenen Zelle abstammen. Er formulierte diese wichtige Erkenntnis in dem Satz: „Omnis cellula e cellula" (Jede Zelle aus einer Zelle, 1855) und baute nach seiner Rückkehr an die Berliner Universität (1856) eine Vorlesungsreihe auf den Grundsätzen der so modifizierten

Zellenlehre auf. Die für praktische Ärzte gehaltenen Vorträge wurden in dem Buch „Cellularpathologie in ihrer Begründung auf physiologische und pathologische Gewebelehre“ (1858) zusammengefaßt und kennzeichnen „den Beginn eines neuen Zeitabschnitts in der Medizin“ (Goerke 1966). Gleichzeitig charakterisiert die Schrift eine weitere Verallgemeinerung der Zellenlehre, wobei Virchow den „großen Entdeckungen“ Schwanns volle Anerkennung zollt, obwohl inzwischen dessen „Theorie der freien Zellenbildung fast vollständig verlassen“ sei (S. 9). In 20 Vorträgen weist Virchow nach, wie krankhafte Veränderungen verschiedenster Organe und ihrer Gewebe durch entsprechende Veränderungen der Lebensprozesse bzw. Vermehrung der Zellen mikroskopisch nachweisbar sind. Zur Erklärung der einheitlichen Grundprinzipien führt er dabei auch wiederholt Erscheinungen an Pflanzenzellen an.

Wie Mohl bezeichnet er den Inhalt der Zellen als „Protoplasma“, als „besonderen Körper im Inneren des Zellenraumes“ bei Pflanzen, dem etwas Äquivalentes bei Tieren entspricht, „ein einfaches, gleichartiges, äußerst monotones Gebilde ... an welches der eigentliche Fortgang, die Erhaltung des Lebens gebunden ist“ (S. 7).

Von diesem strenger gefaßten Zellenbegriff war es nur noch ein kleiner Schritt bis zu der klassischen Arbeit von Max Schultze (1861), der die „Zelle“ neu definierte und außerdem die Brücke zu der Protozoenforschung schlug.

Max Schultze (1825–1874), als Sohn des Mediziners Carl A. S. Schultze in Freiburg/Br. geboren, studierte in Greifswald und in Berlin bei Joh. Müller, bevor er an den Universitäten Greifswald, Halle und Bonn als Anatom wirkte. Neben der Histologie befaßte er sich bevorzugt mit Protozoenstudien und erkannte diese mikroskopisch kleinen Tiere als einzellige Lebewesen, worüber er mit Ehrenberg in Auseinandersetzungen geriet.

Während er dieses Thema in der hier wiedergegebenen Abhandlung nur streift, um zu zeigen, „daß hüllenlose Protoplasmamassen in der Natur eine große Rolle spielen“, widmete er zwei Jahre später eine eigene Abhandlung dem Thema „Das Protoplasma der Rhizopoden und der Pflanzenzellen“ (1863). Erst auf der Grundlage dieser Erkenntnisse konnte Haeckel später das Tierreich in die zwei heute noch gebräuchlichen

Unterreiche der „Einzeller“ (Protozoa) und „Vielzeller“ (Metazoa) gliedern, nachdem aus der von Th. v. Siebold (1846) gebildeten Gruppe „Protozoa“ alle nicht einzelligen Organismen ausgeschieden worden waren. So wirkte sich die Zellenlehre nicht nur auf die Anatomie, Physiologie und Entwicklungsgeschichte aus, sondern auch auf die zoologische und botanische Systematik und ihre stammesgeschichtlichen Grundlagen. Auch Haeckels Studien wurzeln in der Müller-Schule (Uschmann 1959).

War ursprünglich die Begründung der Zellenlehre von den Fragen der Befruchtung und Keimesentwicklung bei Pflanzen ausgegangen wie im Beispiel der Arbeit Schleidens, so fand die „Zellentheorie“ (aufgefaßt als eine Theorie der Individualentwicklung der Organismen bei Schwann, s. o.) nach Berichtigung der ursprünglichen Zellbildungshypothese erst 1861 eine gewisse Abrundung, als G. Gegenbaur, ebenfalls Student Joh. Müllers in Berlin, alle Eier als Einzelzelle identifizierte. Mit seiner Arbeit „Über den Bau und die Entwicklung der Wirbelthier-Eier mit partieller Dotiertheilung“ (Archiv f. Anat., Physiol. u. wiss. Med. 1861, S. 491-529) klärte er ein über 40 Jahre lang schwebendes Problem, das seit der Entdeckung des Säugetiereies durch K.E.v.Baer (1828) mehrere wissenschaftliche Schulen (Purkyně, Valentin, Müller, Schwann und Reichert) und Einzelforscher (R. Wagner, R. Leuckart, A. Koelliker u. a.) beschäftigt und zu gegensätzlichen Aussagen geführt hatte. Aufbauend auf der neuen Definition der „Zelle“ durch Max Schultze konnte Gegenbaur anhand instruktiver Abbildungen auch die dotterreichen Eier von Vögeln, Reptilien und Knorpelfischen als einzellig nachweisen und die einzelnen Bestandteile richtig mit den entsprechenden Strukturen der schon als Zelle erkannten Eier der Säugetiere, Amphibien und Fische gleichsetzen.

Durch die „klassische“ Arbeit von M. Schultze, die dem alten Zellbegriff einen neuen, doch ebenfalls anfechtbaren Inhalt gab, fand die von Schleiden und Schwann eingeleitete Periode der Zellenlehre durch die völlige Negierung einer Zellmembran eine neue Wendung. Sie löste zwar abermals eine 90 Jahre lang schwelende „Krise“ der Zytologie aus (vgl. Scharf 1990), gab aber auch durch kontroverse Ansichten der mikroskopisch-entwicklungsgeschichtlichen Forschung neue Impulse. Nun wurde das Zellindividuum zum bevorzugten

Forschungsgegenstand, von dem man Aufklärung für die Grundphänomene der Lebensprozesse durch experimentelle und kausalanalytische Methoden erhoffte. Die Bedeutung der zur Spezialdisziplin sich entwickelnden „Zytologie" faßte Th. H. Huxley in seiner Schrift über „The physical basis of life" (1868) zusammen, die den enormen Wandel der Anschauungen und Methoden von einer vitalistischen, deskriptiven und spekulativen Behandlung der Lebensprozesse und Organismen zu einer materialistischen, auf physikalische und chemische Gesetze zurückgeführten Interpretation im Verlauf von 30 Jahren kennzeichnet.

Die weiteren Erkenntnisschritte im letzten Drittel des 19. Jh. sind durch neue Methoden und Hilfsmittel in der mikroskopischen Technik bedingt wie die Einführung differenzierender Fixierungs- und Färbemethoden durch die wachsende chemische Industrie und den Ausbau der optischen Industrie. Man muß sich vergegenwärtigen, daß erst in den 60er Jahren des 19. Jh. Anilinfarben zur Verfügung standen und der Mikroskopebau durch Abbe über das handwerkliche Stadium hinausgeführt wurde (Abbe 1873).

Mit der Beobachtung von E. Strasburger bei Pflanzen und O. Hertwig bei Tieren (Seeigel-Ei) im Jahre 1875, daß der eigentliche Befruchtungsvorgang durch Verschmelzung des weiblichen und männlichen Zellkerns erfolgt, dem die Kern- und Zellteilung folgen, war jener Ausgangspunkt der Keimesentwicklung und Gestaltbildung gefunden worden, nach dem Schleiden 1838 gesucht und dabei seine Zellenlehre geschaffen hatte. Verfeinerte Färbemethoden und chemische Analysen gestatteten dann im Verlauf der 80er Jahre des 19. Jh. die Unterscheidung zwischen der Kernsubstanz (Nucleoplasma) und der Zellsubstanz (Zyptoplasma) und die Identifizierung von Kernstrukturen, die Waldeyer 1888 „Chromosomen" nannte. (Vgl. dazu Cremer 1985.)

Die Synthese der schon weit entwickelten Zellforschung mit den hypothetisch erschlossenen Vererbungsgesetzen nach 1900 (Stubbe 1965) und schließlich die Erfindung von Methoden der Bakterienzüchtung und der Gewebezüchtung im Labor bildeten die Voraussetzungen für die vielfältige praktische Anwendung der inzwischen mehrfach verwandelten „Zellentheorie". Diese aber war der Startpunkt für ein neues, auf die Zelle und ihre Entwicklung bezogenes Denken.

Literatur und Quellen

Abbe, E.: Beiträge zur Theorie des Mikroskops und der mikroskopischen Wahrnehmung. Max Schultze's Archiv f. mikroskop. Anat.9 (1873) 413-468.

Abbe, E.: Die optischen Hilfsmittel der Mikroskopie, in: Ber. üb.d. wiss. Apparate auf der Londoner Int. Ausstellung 1876, Hrsg. A.W. Hofmann. Braunschweig 1878.

Amici, G. B.: Observations microscopiques sur diverses especes des plantes. Ann. Sei; nat. Bot. 2 (1824) 41-71, 211-249.

Amici, G. B.: Über die Befruchtung der Orchideen. Bot. Ztg. 5 (1847) 364-370, 381-386.

Baker, J. R.: The Cell-theory: a restatement, history and critique. Quart. J. Microsc. Sci. (ser. III) 90 T(1949) 90-91 [Weitere Arbeiten zu diesem Thema auch in Bd. 91-96 (1950-1955)].

Belloni, L.: Marcello Malpighi, opere scelte, Einleitung. Turin 1967, S. 9-55.

Bichat, X.: Anatomie générale. Paris 1801-1802.

Bradbury, S.: The evolution of the microscope. Oxford 1967.

Brogniart, Ad.-Th.: Mémoire sur la génération et le developpement de l'embryo dans les végétaux phanérogames. Ann. Sei. nat. 12 (1827) 14-55, 145-172, 225-296.

Brown, K.: Observations on the organs and mode of fecundation in Orchideae and Asclepiadeae. Transact. Linn. Soc. London 1831; erschienen: Bd. 16 (1933) 685-746.

Corda, A. C.: Beiträge zur Lehre von der Befruchtung der Pflanzen. Nova Acta Leopoldina 17 (1835) 600-614.

Cremer, Th.: Von der Zellenlehre zur Chromosomentheorie. Berlin 1985.

Dobell, S.: Antony van Leeuwenhoek and his little animals. London 1932.

Donné, A.: Cours de Microscopie. Paris 1845.

Dröscher, A.: Die Zellbiologie in Italien im 19. Jahrhundert. Acta historica Leopoldina Nr. 26. Halle (Saale) 1996.

Du Bois-Reymond, Estelle (Hrsg.): Jugendbriefe von Emil Du Bois-Reymond an Eduard Hallmann. Berlin 1918.

Duhamel du Monceau, H. L.: Physique des Arbres. Paris 1858.

Dutrochet, H.: Recherches anatomiques et physiologiques sur la structure intime des animaux et des végétaux, et sur leur motilité. Paris 1824.

Ehrenberg, C. G.: Über die Structur des Gehirns und der Nerven. Frorieps Notizen 37 (1833) 260-262.

Ehrenberg, C. G.: Beobachtungen einer bisher unbekannten auffallenden Structur des Seelenorgans bei Menschen und Thieren. Abh. Kgl. Akad. Wiss. Berlin a. d. Jahre 1834 (1836) 665-721.

Ehrenberg, C. G.: Die Infusionsthierchen als vollkommene Organismen . . . Leipzig 1838.

Förster, K.: Zur Entdeckungsgeschichte der Befruchtung bei den Blütenpflanzen, Gleditschia 12 (1984) 2, 193-211.
Ford, Brian, J.: The van Leeuwenhoeks Specimen. Notes and Records of the Roy. Soc. London 36, Nr. 1 (1981) 37-59.
Frankenberger, Z.: J. E. Purkyně und die Zellenlehre, in: Purkyně-Symposion . . . 1959. Nova Acta Leopoldina N. F. Nr. 151, Bd. 24 (1961) 47-55.
Goerke, H.: Vorwort zu Virchow, R.: Die Cellularpathologie . . . Berlin 1858. Nachdruck Hildesheim 1966. S. V-VII.
Goetz, D.: Der Anteil der experimentellen Naturwissenschaften an der Herausbildung des Evolutionsgedankens im 18. Jahrhundert. Beitr. XIII. Int. Kongr. Gesch. d. Wiss. Moskau 1971, Sekt. IX. Moskva 1974, S. 6-10.
Haller, A. v.: Elementa physiologiae corporis humani, Bd. l. Lausanne 1757 (Dt.: Berlin und Leipzig 1776).
Hedwig, J.: Abbildungen kryptogamischer Gewächse. Leipzig 1787-1797.
Heidenhain, M.: Schleiden, Schwann und die Gewebelehre. Sber. physikal.-med. Ges. Würzburg 1899, S. 17-36.
Heidenhain, M.: Plasma und Zelle. Jena 1907.
Hintzsche, E.: Gabriel Gustav Valentin (1810-1883). Bern 1953.
Hofmann, S. G.: Verzeichnis der neuesten Optischen Instrumente . . . Leipzig 1800.
Hofmeister, W.: Die Entstehung des Embryo der Phanerogamen. Leipzig 1849.
Hofmeister, W.: Die Lehre von der Pflanzenzelle. Leipzig 1867.
Hoppe, G.: Christian Samuel Weiss und das Berliner Mineralogische Museum. Wiss. Z. Humboldt-Univ. Berlin. Math.-Nat. R. 31 (1982) 3, S. 245-254.
Hughes, A.: A History of Cytology. London und New York 1959.
Humboldt, A. v.: Einleitung über einige Gegenstände der Pflanzenphysiologie. In: Jan Ingenhousz: Über Ernährung der Pflanzen und Fruchtbarkeit des Bodens. Leipzig 1798, S. 5-38.
Humboldt, A. v.: Kosmos, Bd. I. Stuttgart 1845.
Jahn, I.: Matthias Jacob Schleiden an der Universität Jena. In: Naturwissenschaft, Tradition, Fortschritt - Beiheft zu NTM (Schriftenr. Gesch. Naturw., Technik, Med.) 1963, S. 63-72.
Jahn, I.: Der Einfluß experimentell-botanischer Forschungen auf die Wandlungen in der Physiologie von Alexander von Humboldt bis Emil Du Bois-Reymond. NTM (Schriftenr. Gesch. Naturw., Technik, und Med.) 4 (1967), 66-83.
Kirsche, W.: Christian Gottfried Ehrenberg zum 100. Todestag. Ein Beitrag zur Geschichte der mikroskopischen Hirnforschung. Sber. akad. Wiss. d. DDR, Math.-Naturw.-Technik, 9 N (1977).
Koelliker, A.: Entwicklungsgeschichte der Cephalopoden. Zürich 1844.
Kruta, V.: J. E. Purkyně als Physiologe. In: Purkyně - Symposion . . . 1959. Nova Acta Leopoldina N. F. Nr. 151, Bd. 24 (1961) 57-76.

Kruta, V.: A note on the history of Purkyně cells. In: Jan Evangelista Purkyně (1787-1869). Centenary Symposium (Hrsg. V. Kruta). Brno 1971, S. 125-136.
Lindley, J.: An Introduction to a Natural System of Classification. London 1830.
Ludwig, C. G.: Institutiones historico-physicae regni vegetabilis . . . Leipzig 1742.
Lücker, R.R.: Max J.S.Schultze (1825-1874) und die Zellenlehre des 19. Jarhhunderts. Diss. Med. Univ. Bonn 1977.
Mägdefrau, K.: Geschichte der Botanik. Stuttgart 1973.
Mirbel (Brisseau-Mirbel), Ch.-F.: Exposition et défense de ma théorie de l´ Organisation végétale. Paris 1808.
Mirbel, Ch.-F., & Spach, E.: Note pour servir à l'histoire de l`embryologie végétale. In: C. R. Acad. Sci. Paris, 8 (1839) 368.
Möbius, M.: Über die Herkunft der Wörter Cambium und Protoplasma. Ber. dt. Bot. Ges. 52 (1934) 154-161.
Möbius, M.: Geschichte der Botanik. 1937 (Nachdr. Stuttgart 1968).
Mohl, H. v. (Diss. A. W. Winter): Über die Vermehrung der Pflanzenzellen durch Theilung. Tübingen 1835.
Mohl, H.: Über die Saftbewegung im innern der Zellen. Botan. Ztg. 4 (1846) 73-78, 89-94.
Müller, J.: Vergleichende Anatomie der Myxinoiden ... (I) Osteologie und Myologie. In: Physikal. Abh. Kgl. Akad. Wiss. Berlin a. d. Jahre 1834 (1836) S. 65-340.
Müller, J.: Über die Struktur der Knochen. Mitt. Verh. Ges. naturf. Freunde zu Berlin I (1836) 6-12.
Müller, J.: Über den feineren Bau der krankhaften Geschwülste. Monatsber. Kgl. Akad. Wiss. Berlin, 8. Dez. 1836, S. 107-113.
Müller, J.: Handbuch der Physiologie des Menschen . . . Bd. 2, Abt. 3 (Die Lehre vom Seelenleben, von der Zeugung und Entwicklung). Coblenz 1840.
Müller-Strahl, G.: Physiologische Theorien organischer Materie und deren Wechselwirkung mit Naturwissenschaft und Philosphie im 19. Jh. Habilschr. Med. Fak. Univ. Bochum 2003.
Oken, L.: Abriß des Systems der Biologie. Zum Behufe seiner Vorlesungen. Göttingen 1805.
Oken, L.: Vorlesung über „Physiologie", Jena 1815. Nachschrift von E. Netto, Univ.-Bibl. Jena, Nachlaß Netto q 12.
Pringsheim, N.: Untersuchungen über den Bau und die Bildung der Pflanzenzelle. Berlin 1854.
Purkyně, J. E.: Symbolae ad ovi avium historiam ante incubationem. Breslau 1825.
Purkyně, J. E.: De cellulis antherarum fibrosis nec non de granorum pollinarium formis commentatio phytotomica. Breslau 1830 (zit. nach Stannard, s. u.).

Purkyně, J. E.: Über den Bau der Magen-Drüsen und über die Natur des Verdauungsprocesses. Ber. über die Vers. dt. Naturf. und Aerzte in Prag, Sept. 1837 (1838) 174-175.

Purkyně, J. E.: Opera selecta. Prag 1948.

Raspail, F. V.: Premier mémoire sur la structure intime des titissus de nature animale. In: Répertoire générale d'anatomie et de la physiologie. Paris 1827.

Remak, R.: Bericht über die Leistungen im Gebiete der Physiologie. Arch. Anat., Physiol. und wiss. Med. 1841, S. 17.

Remak, R.: Über extracelluläre Entstehung thierischer Zellen und über Vermehrung derselben durch Theilung. Arch. Anat., Physiol. und wiss. Med. 1852, S. 47-57.

Richmond, M.L.: Protozoa as Precursors of Metazoa: German Cell Theory and its Critics at the Turn of the Century. In: Journal of the History of Biology, vol 22, no.2 (1989), S. 243-276).

Rooseboom, M.: The history of the microscope. Proc. Roy. Microsc. Soc. 2 (1967) 266-293.

Rothschuh, K.: Von der Histomorphologie zur Histophysiologie. In: Jan Evangelista Purkyně (1787-1869). Centenary Symposium. Hrsg. V. Kruta. Brno 1971, S. 197-212.

Ruska, E.: Die frühe Entwicklung der Elektronenlinsen und der Elektronenmikroskopie. (Kap. II: Die Erweiterung des Sichtbaren durch vergrößernde Lichtlinsen . . .) Acta historica Leopoldina, Nr. 12. Halle/S. 1979.

Sajner, J., und Zaunick,R.: Adolph Friedrich Oschatz (1812-1857), ein Schüler Purkyněs und Schöpfer des modernen Tellermikrotoms. In Purkyně-Symposium . . . 1959. Nova Acta Leopoldina, N. F. Nr. 151, Bd. 24 (1961) 131-184.

Scharf, J.-H.: Krisen der Cytologie. In: Acta histochemica, Suppl. – Band XXXIX (1990), S. 11-47.

Schultz, C. H. (genannt Schultzenstein): Die Natur der lebendigen Pflanze, T, l. Berlin 1823.

Schwann, Th.: De necessitate aeris atmosphaerici ad evolutionem pulli in ovo incubato (Diss.). Berlin 1834.

Schwann, Th.: Neue Notizen aus dem Gebiete der Natur- und Heilkunde (=Frorieps Notizen) Nr. 91 (1838) 34-36, Nr. 103 (1838) 225-229, Nr. 112 (1838) Nr. 21-23.

Schwann, Th.: Manifestation en l´honneur de M. le professeur Th. Schwann 1878. Düsseldorf 1879.

Stannard, J.: Purkyně's contribution to plant physiology and Botany. In: Jan Evangelista Purkyně (1787-1869) Centenary Symposium. Hrsg. V. Kruta. Brno 1971, S. 213-226.

Strasburger, E.: Zellbildung und Zelltheilung. Jena 1875.

Stubbe, H.: Kurze Geschichte der Genetik . . . Jena 1965,

Studnicka, F. K.: Die Cuticula und die Grenzschichten der tierischen Zellen.

Geschichte, Klassifikation und Nomenklatur. Zellf. und mikroskop. Anat. 2 (1925) 408-452.
Studnicka, F. K.: Johann Evangelista Purkinjes und seiner Schule Verdienste um die Entdeckung tierischer Zellen und um die Aufstellung der „Zellen"-Theorie. In: Acta Soc. sec. nat. Moravicae 4. Brno 1927, S. 97-168.
Studnicka, F. K.: Aus der Vorgeschichte der Zellentheorie (H. Milne-Edwards, H. Dutrochet, F. V. Raspail, J. E. Purkinje). Anat. Anz. 73 (1931) 390-416.
Unger, F.: Genesis der Spiralgefäße. Linnaea 15 (1841) 385-407.
Unger, F.: Grundzüge der Anatomie und Physiologie der Pflanzen. Wien 1846.
Uschmann, G.: Geschichte der Zoologie und der zoologischen Anstalten in Jena 1779-1919. Jena 1959.
Valentin, G.: Über Entwicklungsgeschichte der Pflanzengewebe. In: Übers. Arb. u. Veränd. schles. Ges. vaterl. Cultur im Jahre 1835 (1836) 87.
Valentin, G.: Grundzüge der Entwickelung der thierischen Gewebe. In: Rudolf Wagner 1839 (s. u.), S. 132-139.
Valentin, G.: Lehrbuch der Physiologie des Menschen. Bd. 1-2. Braunschweig 1844.
Wagner, R.: Lehrbuch der speciellen Physiologie, Abt. l. Leipzig 1839.
Watermann. R.: Theodor Schwann, Leben und Werk. Düsseldorf 1960.
Wolff, C. F.: Theorie von der Generation. Berlin 1764, § 23.
Wolff, Chr, v.: Die nützlichen Versuche ... 3 Bde. Halle 1723.
Wolff, Chr. v.: Vernünftige Gedanken von der Natur. Halle 1743.
Zuylen, J. van: The microscopes of Antoni van Leeuwenhoek. J. Microcopy 121, Pt. 3 (1981) 309.

Ungedruckte Quellen

Briefe Humboldts an Ehrenberg. Nachlaß Ehrenberg. Zentralarchiv der Akad. d. Wiss. d. DDR. Berlin.
Briefe H. v. Mohl und G. Valentin an Ehrenberg. Mikrogeol. Sammlung des Paläont. Museums (Mus. f. Naturk. d. Humboldt-Univ.) Berlin.
Protokollbände der Ges. naturf. Freunde zu Berlin. Bild- u. Schriftgut-Sammlung des Zool. Museums (Mus. f. Naturk. d. Humboldt-Univ.) Berlin.
Vita (lat. Lebenslauf) von M. J. Schleiden. Univ.-Archiv Jena, Dekanatsakten der Philos. Fak., M 291, Bl. 239.

Bemerkungen zur Edition

Die Arbeiten von M. J. Schleiden und M. Schultze wurden vollständig wiedergegeben, aus dem Buch von Th. Schwann nur die „Vorrede", die die Vorgeschichte aus der Sicht des Autors vermittelt, und der Abschnitt III mit der eigentlichen „Theorie der Zellen", wobei derjenige Abschnitt gekürzt wurde, der die Zellbildungshypothese von Schleiden wiederholt. Zur Übersicht über das Gesamtwerk wurde das Inhaltsverzeichnis beigegeben, das vor allem einen Einblick in die neue Klassifikation der Gewebe durch Schwann auf der Grundlage der Zellentheorie gibt. Die Originaltexte wurden nur bezüglich der Orthographie und der Interpunktion modernisiert, nicht stilistisch verändert. Die Seitenzahlen der Originalabhandlungen wurden in eckiger Klammer eingefügt, vereinzelt auch Ergänzungen des Herausgebers. Abkürzungen, Fremdwörter, Pflanzen- und Tiernamen sowie veraltete Fachausdrücke wurden für alle drei Arbeiten in einem Verzeichnis am Schluß des Bandes erläutert, die biographischen Daten der zitierten historischen Persönlichkeiten (Einleitung und der drei Originalarbeiten) sind im Personenregister enthalten. Die wiedergegebenen Fußnoten sind Bestandteil der historischen Texte.
Auf die Reproduktion der Originalabbildungen wurde verzichtet, da aus den vorhandenen alten Originalen im Format dieser Ausgabe keine zufriedenstellende Reproduktion möglich war, stattdessen erfolgte eine Inhaltsangabe der Abbildungslegenden.

Nachtrag zum Reprint 2003

Nach der wichtigen Publikation von Scharf (1990) (s. Lit. Verz. S. 43), die einige Textkorrekturen (S. 38) erforderte, war auch zu bedenken, ob die Wiedergabe der Schrift von Max Schultze hier noch berechtigt ist. Seine neue Zelldefinition, die er selbst als „Reform" bezeichnete, war keine Verbesserung derjenigen von Schwann, da er für tierische Organismen die Existenz einer Zellmembran generell negierte. Seine einseitige „Protoplasmatheorie" wandte sich nachdrücklich gegen die frühere Anschauung, dass „der sogenannte Zelleninhalt eine Flüssigkeit" sei. Die dadurch ausgelösten vermehrten Untersuchungen des Zellplasmas kennzeichnen Schultzes Schrift dennoch als einen „klassischen" Meilenstein für die Zytologie des 19. Jahrhunderts.

1.
Matthias Jacob Schleiden

Beiträge zur Phytogenesis

(Archiv für Anatomie, Physiologie und wissenschaftliche Medicin, Jahrgang 1838, S. 137–174)

Das allgemeine Grundgesetz der menschlichen Vernunft, das unabweisbare Streben derselben nach Einheit in ihren Erkenntnissen, hat sich, wie überall in der Wissenschaft, so auch von jeher im Gebiet der Organismen geltend gemacht, und vielfach hat man es sich angelegen sein lassen, die Analogien für die beiden großen Abteilungen des Tier- und Pflanzenreichs festzustellen. – Aber so geistreiche Männer sich mit diesem Gegenstande beschäftigt haben, so ist doch nicht zu leugnen, daß alle bis jetzt in dieser Hinsicht gemachten Versuche durchweg für mißlungen zu erachten sind. Wenn nun zwar in neuerer Zeit dies Faktum ziemlich allgemein anerkannt ist, so hat man doch den Grund dieser Erscheinung nicht immer ganz richtig aufgefaßt und in seiner ganzen Schärfe und Klarheit ausgesprochen. Die Ursache liegt aber darin, daß der Begriff Individuum in dem Sinne, wie er in der animalischen Natur vorkommt, für die Pflanzenwelt durchaus keine Anwendung findet. Höchstens bei den allerniedrigsten Pflanzen, einigen Algen und Pilzen, die nur aus einer einzigen Zelle bestehen, kann man in diesem Sinne von einem Individuum reden. Jede nur etwas höher ausgebildete Pflanze ist aber ein Aggregat von völlig individualisierten in sich abgeschlossenen Einzelwesen, eben den Zellen selbst.

[138] Jede Zelle führt nun ein zweifaches Leben: ein ganz selbständiges, nur ihrer eigenen Entwicklung angehöriges und ein anderes mittelbares, insofern sie integrierender Teil einer Pflanze geworden. Es ist aber leicht einzusehen, daß sowohl für die Pflanzenphysiologie, als auch für die vergleichende Physiologie im Allgemeinen der Lebensprozeß der einzelnen Zellen die allererste ganz unerläßliche Grundlage bilden muß, und daher zuerst ganz besonders die Frage aufgeworfen werden wird: wie entsteht denn eigentlich dieser eigentümliche kleine Organismus, die Zelle?

Nur in dieser weitgreifenden Wichtigkeit des Gegenstandes

sehe ich aber auch die Entschuldigung, daß ich es schon jetzt wage, die folgenden Bemerkungen zu veröffentlichen, indem ich nur zu sehr fühle, daß ihnen erst durch umfassendere Untersuchungen der eigentliche, wissenschaftliche Wert gegeben werden kann. Vielleicht aber gelingt es mir, durch diese Bemerkungen auf diesen so wichtigen Gegenstand aufmerksam zu machen.

Da uns aus dem Versuch, Vorgänge in der Natur hypothetisch zu erklären, durchaus kein reeller Fortschritt in der Erkenntnis erwächst, am wenigsten da, wo alle Bedingungen zur Aufstellung einer haltbaren Hypothese, nämlich leitende Tatsachen, fehlen, so kann ich mir alle historische Einleitung in das folgende sparen; denn so viel mir bekannt geworden, sind direkte Beobachtungen über das Entstehen der Pflanzenzelle bis jetzt nicht vorhanden. – Daß Sprengel's angebliche Brutzellen solide Amylumkörner sind, ist längst nachgewiesen. Auf Raspail's Arbeit mich einzulassen, scheint mir mit der Würde der Wissenschaft unverträglich. Wer Lust dazu verspürt, mag sich an ihn selbst wenden.

Die einzige hierher gehörige, höchst ausgezeichnete Arbeit von Mirbel werde ich später berühren müssen, da er den Vorgang der Zellbildung selbst auch nicht näher angibt. – Zu bedauern ist, daß Meyen, der vielleicht umfassender, als irgend jemand bis jetzt, die Pflanzenanatomie bearbeitet hat, sich [139] fast nur an die Untersuchung der entwickelten Formen hält, den Bildungsprozeß selbst aber noch nicht eben so sehr in das Gebiet seiner Forschungen gezogen hat. – Ich habe noch manche Zweifel, deren Lösung ich in seiner Physiologie zu finden hoffte, aber nicht fand.

Robert Brown war es, der mit seinem auf alles achtenden Naturgenie zuerst die Wichtigkeit einer Erscheinung auffaßte, die, obwohl schon früher von einigen gesehen, doch völlig unbeachtet geblieben war. Er fand nämlich zuerst bei den Orchideen in einem großen Teil ihrer Zellen, namentlich in der Oberhaut, einen opaken Fleck, von ihm Areola oder Zellenkern (nucleus of the cell) genannt. Später verfolgte er diese Erscheinung in den früheren Zuständen der Pollenzellen, im jungen Ovulum, im Stigmagewebe, nicht bloß bei Orchideen, sondern auch bei vielen anderen *Monocotyledonen* und selbst bei einigen *Dicotyledonen*.

Da mir nun bei meinen umfassenden Untersuchungen über die

Entwicklung des Embryo das konstante Vorhandensein dieser Areola in den Zellen des ganz jungen Embryo und des neuentstandenen Albumen auffallen mußte, so entsprang aus der Erwägung der verschiedenen Arten des Vorkommens sehr natürlich der Gedanke, daß dieser Zellenkern in einer näheren Beziehung zur Entstehung der Zelle selbst stehen müßte. In Folge dessen richtete ich meine besondere Aufmerksamkeit auf diesen Punkt und war so glücklich, meine Bemühungen mit Erfolg gekrönt zu sehen.

Ehe ich aber an die Mitteilung dieser Beobachtungen gehe, muß ich erst etwas ausführlicher den Zellenkern beschreiben. Da es sich von einem durchaus eigentümlichen, und wie es mir scheint, ganz allgemeinen Elementarorgan der Pflanzen handelt, so glaube ich es nicht entschuldigen zu müssen, daß ich diesem Körper einen bestimmten Namen beilege, indem ich ihm in bezug auf seine später zu entwickelnde Funktion *Cytoblastus* (κυτος βλαστος) nenne.

Dieses Gebilde variiert in seinen Umrissen zwischen dem [140] ovalen und kreisrunden, so wie es seiner Körperlichkeit nach von der Linsenform zur völligen Kugel überzugehen scheint. – Die ovalen und flachen fand ich häufiger bei *Monocotyledonen*, im Albumen und Pollen, die kugligen häufiger bei den *Dicotyledonen* und in Blatt, Stengel, gegliederten Haaren und ähnlichen Gebilden, ohne daß jedoch eine ausschließliche Regel darüber aufzustellen ist.

Die Farbe des Cytoblasten ist meist gelblich, doch auch fast ins Silberweiße übergehend. Am durchsichtigsten beobachtete ich ihn im Albumen einiger Wasserpflanzen, beim unreifen Pollen, bei einigen Orchideen, doch auch in den Blattrudimenten von *Crassula portulaca*. Kaum zu unterscheiden wegen seiner ausnehmenden Durchsichtigkeit ist er in den Sporen einiger *Helvelloiden*. Durch Jod wird er je nach seiner verschiedenen Modifikation von Blaßgelb bis ins dunkelste Braun gefärbt.

Seine Größe variiert bedeutend. Am größten ist er im allgemeinen bei *Monocotyledonen* und im Albumen, am kleinsten bei den *Dicotyledonen*, im Blatt, Stengel und deren Metamorphosen. Die größten, die ich gesehen, hatten 0,0022 P. Z. im Durchmesser (bei *Fritillaria pyrenaica*); die kleinsten im Embryonalende des Pollenschlauchs von *Linum pallescens* von 0,0009 bis 0,0001 P. Z. Im Albumen von *Abies excelsa* fand ich sie im Durchschnitt vieler Messungen der scheinbar

gleich großen von 0,00034–0,00059–0,00079 P.Z. In den jungen Blättern von *Crassula portulaca* = 0,0003 P.Z. und im Albumen von *Pimelea drupacea* = 0,00095–0,001055. Doch ist auf diese Messungen im Ganzen wenig zu geben, da sie wachsen und abnehmen und man nicht bestimmen kann, in welcher Lebensperiode sich der Cytoblast befindet. –
Seine innere Struktur ist meist granulös, ohne daß sich jedoch die Körner, aus denen er besteht, scharf voneinander abgrenzten. Seine Konsistenz ist sehr verschieden, von der Weichheit, daß er sich im Wasser fast auflöst, bis zur Festigkeit, daß er selbst starken Druck des Preßschiebers [141] erträgt, ohne seine Form einzubüßen. – Je näher seiner Entstehung, desto weicher ist er, ebenfalls da, wo seine Existenz nur vorübergehend ist. Dichter und schärfer umgrenzt ist er da, wo er als stehenbleibendes Gewebe den ganzen Lebensprozeß der Pflanze mit durchmacht, wie bei den Orchideen.
Diese Eigentümlichkeiten sind mehr oder minder ausführlich schon bei Rob. Brown (Organs and mode of fecundation in Orchideae and Sclepiadeae. London 1833. pag. 710) und neuerdings bei Meyen (Physiologie etc. Bd. I. p. 207) besprochen worden. Beiden so scharfsichtigen Beobachtern ist aber eine Erscheinung entgangen, die ich gleichwohl zu den Wesentlichsten zählen möchte. – Bei sehr großen, schön ausgebildeten Cytoblasten, z. B. im neuentstehenden Albumen von *Phormium tenax* und *Chamaedorea schiedeana* (S. Fig. 5) beobachtet man nämlich, ob im Innern oder auf seiner Fläche eingesenkt, ist mir noch nicht deutlich, einen kleinen, sich scharf abgrenzenden Körper, der nach dem Schatten zu urteilen einen dicken Ring oder ein dickwandiges hohles Kügelchen darzustellen scheint. Bei minder gut ausgebildeten bemerkt man nur den äußern scharfen Kreis dieses Ringes und in dessen Mitte einen dunklen Punkt, z. B. bei dem Stipes des Embryo von *Limnanthes Douglasii*, *Orchis latifolia* (Fig. 21), *Pimelea drupacea* (Fig. 14, 15). Bei noch kleineren Cytoblasten erscheint er nur als ein scharf umschriebener Fleck; dies ist der häufigste Fall z. B. im Pollen von *Richardia aethiopica*, im jungen Embryo von *Linum pallescens*, fast bei allen Orchideen (Fig. 16). Oder endlich, man bemerkt nur noch einen auffallenden kleinen dunklen Punkt. Bei den allerkleinsten und vergänglichsten Cytoblasten (z. B. in den Blättern der *Dicotyledonen*) habe ich ihn bis jetzt noch nicht entdecken können. In sehr seltenen

Fällen habe ich auch wohl ausnahmsweise und immer nur da, wo die Mehrzahl den einfachen Kern zeigte, auch zwei gefunden, z. B. bei *Chamaedorea schiedeana* (Fig. 6, 7), *Secale cereale, Pimelea drupacea* (Fig. 14), (bei beiden letzteren fand ich einige Male sogar drei), (Fig. 15). Aus meinen [142] Beobachtungen an allen Pflanzen, die eine vollständige Verfolgung des ganzen Bildungsprozesses erlaubten, geht hervor, daß dieser kleine Körper selbst früher sich bildet, als der Cytoblast (Fig. 1 und 2), und ich möchte fast die Vermutung aufstellen, daß er dem von *Fritsche* im Stärkemehl nachgewiesenen Kerne nicht ganz fremd, vielleicht sogar mit ihm identisch ist. Die Größe dieses Körperchens variiert ebenfalls bedeutend, von der Ausdehnung des halben Durchmessers des Cytoblasten, bis zum winzigsten Pünktchen, dessen Dicke unmeßbar war, weil sie vom Durchmesser des Fadens im Diaphragma des Mikroskops noch viel übertroffen wurde. Im Albumen von *Abies excelsa* fand ich dasselbe nach durchschnittlicher Bestimmung von 0,000045–0,000095 P.Z., bei *Pimelea drupacea* von 0,00029–0,0003 P.Z. Bald erscheint er dunkler, bald heller als die übrige Masse des Cytoblasten. Meist ist er konsistenter als letzterer und bleibt noch scharf umgrenzt, wenn dieser sich durch Druck zu formlosem Schleim verändert, z. B. bei *Pimelea drupacea.*

Ein zweiter Punkt, über den ich noch einige Worte sagen muß, um mich in Folgendem kürzer ausdrücken zu können, ohne unverständlich zu werden, betrifft die verschiedenen unorganischen Stoffe, die beim Lebensprozeß der Pflanze auftreten und der Reihe des Stärkemehls und der Holzfaser angehören. – Ich mache durchaus keinen Anspruch darauf, hier vollständig alle chemisch differenten Stoffe aufzählen zu wollen, so wenig wie ich verlange, daß die Chemiker alle meine Benennungen und Charakteristiken gut heißen und richtig finden sollen (Vollständigkeit wäre hier ohnehin eine zur Zeit noch unlösbare Aufgabe); nur die wichtigsten Modifikationen, ihre Folge und Bedeutung im Entwicklungsgange der vegetabilischen Organisation will ich kurz berühren, um mir nachher Wiederholungen zu sparen.

Das Stärkemehl scheint in der Pflanze fast die Stelle des tierischen Fettes zu vertreten. Es ist überflüssiger Nahrungsstoff, der zu künftigem Gebrauche abgelagert wird, und man [143] findet es daher allgemein an Orten, wo nach kurzer Ruhe ein neuer Bildungsprozeß beginnen soll, oder wo ein zu üppiges Leben ein Übermaß von Nahrungsstoff erzeugt hat. In neuerer Zeit ist es so gründlich bearbeitet, daß ich nicht nötig habe, spezieller darauf einzugehen, sondern nur auf die neueste und zweckmäßigste Zusammenstellung der Resultate in Meyen's Physiologie Bd. I. pag. 190 sqq. verweise.

Nicht allzu häufig wird die Stärke von einem andern halbgranulierten Stoff vertreten, z. B. im Pollen, im Albumen einiger Pflanzen, und häufig in den Blattzellen als Träger des Chlorophyll's. – Er unterscheidet sich hauptsächlich dadurch, daß er in regellosen, körnigen Formen ohne innere Struktur auftritt und durch Tra.Jodin. braungelb oder braun gefärbt wird. Dieser Stoff, den ich Schleim nennen will, ist wohl mit dem, woraus die Cytoblasten bestehen und den gleich anzuführenden kleinen Körnchen im Gummi identisch; das erste hat schon Meyen Physiol. Bd. I. p. 208 als sehr wahrscheinlich angemerkt.

Wenn das Stärkemehl nun aber zu neuen Bildungen verwandt werden soll, so löst es sich auf eine der Chemie noch gänzlich fremde Weise zu Zucker oder zu Gummi auf, indem bald dieses in jenen, bald umgekehrt überzugehen scheint. Der Zucker zeigt sich als völlig durchsichtige Flüssigkeit, die fast wasserhell erscheint, wird vom Alkohol nicht getrübt und nimmt von der Jodtinktur nur die Färbung an, die der größern oder geringen Diluierung des Reagens entspricht.

Das Gummi erscheint als etwas gelbliche, konsistentere minder durchsichtige Flüssigkeit, die durch Tra.Jodin. mit blaßgelber konstanter Farbe granulös koaguliert.

Bei ferner fortschreitender Organisation, wo jedesmal das Gummi die letzte, unmittelbar vorhergehende Flüssigkeit ist, zeigen sich in demselben eine Menge unendlich feiner Körnchen, die meist wegen ihrer Kleinheit nur als scharze Punkte erscheinen. – Die Flüssigkeit scheint dann von dem Jod ein etwas dunkleres Gelb anzunehmen. Die Körnchen aber, wenn [144] sie groß genug sind, um ihre Farbe erkennen zu können, werden dabei dunkel braungelb.

Diese Masse ist es jedesmal, in der die Organisation vor sich geht, und die jüngsten Gebilde bestehen aus dem zunächst wieder unterscheidbaren wasserhellen Stoffe, der beim Druck eine homogene farblose Masse darstellt; wenn er angetrocknet war, vom Wasser durchdrungen wird und anschwillt; der von der Tra.Jod. gar nicht verändert und nicht einmal von ihr durchdrungen wird, sondern beim Druck nach wie vor wasserhell erscheint und so vollständig durchsichtig ist, daß er ohne gefärbte oder undurchsichtige Umgebung gar nicht gesehen werden kann. Dieser Stoff kommt häufig in den Pflanzen vor (z. B. in großer Menge neben wenigem Stärkemehl in den Orchisknollen in eigentümlichen großen Zellen), ich werde ihn der Kürze halber Pflanzengallerte nennen, und bin geneigt, das Pektin, die Grundlage des Traganthgummi und viele der unter Pflanzenschleim gewöhnlich aufgezählten Stoffe, als bloße geringe Modifikationen hierher zu rechnen.

Diese Gallerte ist es, die sich durch neue chemische Umänderungen endlich in die wirkliche Zellenmembran oder ihre Verdickungsbildungen in den vegetabilischen Faserstoff verwandelt.

Ich gehe jetzt zur Sache selbst über. Zwei Stellen in der Pflanze sind es, wo sich am leichtesten und sichersten die Bildung neuer Organisation beobachten läßt, weil es durch eine einfache Membran abgeschlossene Höhlungen sind, nämlich in der großen Zelle, welche später das Albumen des Samens enthält, im Embryosacke und in dem Ende des Pollenschlauchs, aus welchem sich der Embryo selbst entwickelt. Beide unterscheiden sich hauptsächlich dadurch, daß der Embryosack ursprünglich nie Stärkemehl enthält, sondern wohl meist Zuckerlösung, woher der süße Geschmack der unreifen Hülsenfrüchte und Cerealien stammt, oder Gummi.

Der Pollen dagegen enthält immer Stärkemehl oder den obenerwähnten, dasselbe vertretenden körnigen Schleim, als wesentlichen Bestandteil. Die sogenannten vegetabilischen [145] Spermatozoen werden sich wohl bei genauerer Untersuchung meistens auf einen dieser Stoffe reduzieren lassen. – Diese Stoffe werden aber bald aufgelöst und gehen in Zucker oder Gummi über; beides zuweilen schon, noch ehe das Pollenkorn angefangen hat, auf dem Stigma Schläuche zu treiben, oft erst allmählig beim Herabsteigen des Pollenschlauchs durch den Stylus bis zum Ovulum, so daß selbst in einigen Fällen noch unveränderte Stärke im Embryonalende gefunden wird.

An beiden genannten Orten entstehen nun im Gummi sehr bald die obenerwähnten kleinen Schleimkörnchen, wodurch die bis dahin homogene Gummilösung sich trübt, oder bei großer Menge von Granulis selbst opak wird. Darauf zeigen sich in dieser Masse einzelne größere, schärfer gezeichnete

Kernchen (Fig. 2 oben), und bald nachher treten auch die Cytoblasten auf (Fig. 2, unten), die gleichsam als granulöse Koagulationen um jene Kernchen erscheinen. – Die Cytoblasten wachsen aber in diesem freien Zustande noch bedeutend, und ich beobachtete z. B. bei *Fritillaria pyrenaica* eine allmähliche Ausdehnung von 0,00084 auf 0,001 P.Z.

Sobald die Cytoblasten ihre völlige Größe erreicht haben, erhebt sich auf ihnen ein feines, durchsichtiges Bläschen, dies ist die junge Zelle, die anfangs ein sehr flaches Kugelsegment darstellt, dessen plane Seite vom Cytoblasten, dessen Konvex-Seite von der jungen Zelle gebildet wird, die auf ihm etwa wie ein Uhrglas auf einer Uhr aufsitzt. In ihrem natürlichen Medium erkennt man sie fast nur daran, daß der Raum, der zwischen ihrer Konvexität und dem Cytoblasten befindlich, wasserhell und durchsichtig, und wahrscheinlich mit einer wäßrigen Flüssigkeit erfüllt und von den an ihrem Umfange gehäuften, durch ihre Ausdehnung zurückgedrängten Schleimkörnchen begrenzt ist (wie ich es in Fig. 4, 5 und 6 darzustellen versucht habe). Isoliert man diese jungen Zellen aber, so kann man durch Schütteln des Objektträgers die Schleimkörnchen meist rein abspülen. – Lange kann man sie indes nicht beobachten, denn sie lösen sich in destilliertem Wasser [146] nach einigen Minuten völlig auf und lassen nur den Cytoblasten zurück. – Allmählich dehnt sich aber das Bläschen mehr aus und wird konsistenter (Fig. 1. b), und die Wandung besteht nun, mit Ausnahme des Cytoblasten, der stets einen Teil der Wand bildet, aus Gallerte. Nach und nach wächst nun die ganze Zelle über den Rand des Cytoblasten hinaus und wird rasch so groß, daß endlich der letztere nur als ein kleiner, in einer der Seitenwände eingeschlossener Körper erscheint. Dabei zeigt die junge Zelle oft höchst unregelmäßige Aussackungen (Fig. 1. c) als Beweis, daß die Ausdehnung keineswegs gleichförmig von einem Punkt aus wirkt. Erst bei weiter fortschreitendem Wachstum der Zelle und offenbar bedingt durch den Druck der nebeneinander liegenden wird die Gestalt regelmäßiger und geht dabei auch häufig in die von Kieser so schön a priori bestimmte Form des Rhombendodecaeders über. (Vergl. Fig. 1. von b.–c. und Fig. 8.) Noch immer findet man den Cytoblasten in der Zellenwandung eingeschlossen, an welcher Stelle er den ganzen Lebensprozeß der von ihm gebildeten Zelle mit durchmacht, wenn er nicht bei Zellen, die zu höherer Entwicklung bestimmt sind, entweder an seinem Ort oder, nachdem er gleichsam als unnützes Glied abgestoßen ist, in der Höhlung der Zelle aufgelöst und resorbiert wird. – Erst nach seiner Resorption fängt, soweit ich beobachten konnte, die Bildung sekundärer Ablagerungen auf die innere Fläche der Zellenwand an (Fig. 9).

Im allgemeinen ist es selten, daß der Cytoblast den ganzen Lebensprozeß der Zelle, die er gezeugt, mit durchmacht, indeß ist es:

1) charakteristisch für die Familie der Orchideen und Kakteen, daß bei ihnen ein Teil ihres Zellgewebes während ihrer ganzen Lebensperiode auf einer niederen Entwicklungsstufe stehenbleibt;

2) an verschiedenen Pflanzen kommt es vor, daß dasjenige Zellgewebe, welches nur eine vorübergehende Bedeutung hat, auch sich nicht vollständig ausbildet, sondern den Cytoblasten behält, und später mit ihm zugleich resorbiert wird. Doch habe [147] ich auch bemerkt, daß letzterer dabei in der mittleren Periode seiner Existenz sehr an Deutlichkeit und Schärfe verlor und erst wieder recht hervortrat, wenn die Resorption begann, z. B. am Nucleus des Ovuli von *Abies excelsa, Tulipa sylvestris* und *Daphna alpina.* – Unbegreiflich ist es, wie einige Physiologen die Resorption bei den Pflanzen haben leugnen können, da sogar recht bedeutende Partien von Zellgewebe, z. B. eben der Nucleus des Eichens, vollständig wieder verflüssigt und in die allgemeine Säftemasse aufgenommen werden. Freilich findet das wohl nur solange statt, als die Zelle noch aus der einfachen, ursprünglichen Membran besteht und in ihrer individuellen Entwicklung noch nicht so weit fortgeschritten ist, daß ihre Wand durch sekundäre Ablagerungen verdickt wurde.

3) In einigen seltenen Fällen bleiben in den Pollenkörnern die Cytoblasten ebenfalls persistent, so z. B. bei einigen, vielleicht bei allen *Abietineen.* Bei *Larix europaea* ist der linsenförmige Cytoblast schon von Fritsche bemerkt, aber nicht seinem Wesen nach erkannt worden.

4) Viele Haare endlich, besonders gegliederte und solche, die in ihren Zellen Saftbewegungen zeigen, behalten den Cytoblasten. (cf. Fig. 25.) Auffallend ist dabei und ein Beweis, in wie naher Beziehung der Cytoblast zur ganzen Lebenstätigkeit der Zelle steht, daß die kleinen, oft die ganze Wand netzartig

bedeckenden Strömchen stets von ihm ausgehen und zu ihm zurückkehren und daß er in *statu integro* niemals außerhalb der Strömchen liegt (Fig. 25).

Die soeben vorgetragene Entwicklung der Zellen beobachtete ich in ihrem ganzen Verlauf im Albumen von *Chamaedorea schiedeana, Phormium tenax, Fritillaria pyrenaica, Tulipa sylvestris, Elymus arenarius, Secale cereale, Leucoji spec., Abies excelsa, Larix europaea, Euphorbia pallida, Ricinus leucocarpa, Momordica elaterium* und im Embryonalende des Pollenschlauchs von *Linum pallescens, Oenothera crassipes* und einer Menge anderer Pflanzen. – Erst im Sommer 1837, nachdem dieser Aufsatz geschrieben war, beschäftigte [148] ich mich mit der Untersuchung der Leguminosen und fand zu meinem Erstaunen, daß in diesen unzählige Male untersuchten überall als Beispiele für die Entwicklungsgeschichte benutzten Pflanzen, sich dieser allen Beobachtern entgangene Prozeß gerade am schönsten und leichtesten beobachten lasse. – Aber freilich hatte man die süße, im Embryosack enthaltene Flüssigkeit einer Untersuchung nicht wert gehalten.

Ohne gerade den ganzen Gang der Zellenbildung vollständig zu verfolgen, fand ich die Zellenkerne vor Auftreten der Zellen lose in der Flüssigkeit schwimmend bei sehr vielen Pflanzen. Endlich von neuentstandenem Zellgewebe ist mir, das Cambium ausgenommen, auch nicht ein einziges Beispiel vorgekommen, in welchem die Cytoblasten gefehlt hätten. – Ich glaube daher mit Recht annehmen zu können, daß der oben geschilderte Vorgang allgemeines Bildungsgesetz für das vegetabilische Zellgewebe bei *Phanerogamen* sei. –

Bei *Cryptogamen* sind meine Beobachtungen viel beschränkter; doch fand ich die Cytoblasten in den Sporen der *Helvelloiden,* wo sie jedoch wegen ihrer großen Durchsichtigkeit nur bei sehr starker Vergrößerung und bedeutender Verdunklung des Sehfeldes wahrzunehmen sind. In den großen gelblichen Zellen im Innern der sog. Anthere bei *Chara vulgaris* bemerkte ich dieselben. In den Sporen der *Marchantia polymorpha* endlich beobachtete ich ihre Entwicklung zu Zellen, von denen eine, die ursprüngliche Sporenwand vor sich herschiebend, die lange haarförmige Wurzel bildet (Fig. 18–20).

Aus dem Vorstehenden geht hervor, daß der Cytoblast nie frei im Innern der Zelle liegen kann, sondern immer in der Zellenwand eingeschlossen ist, und zwar, wie sich aus Beobachtung solcher ergibt, die wegen der Größe diese kitzlichen Untersuchungen gestatten, in der Art, daß die Wandung der Zelle sich in zwei *Laminas* spaltet, von denen die eine nach außen, die andere nach innen über den Cytoblasten weggeht. Die an der innern Seite ist aber gewöhnlich die [149] zartere und meist nur gallertartige, wird auch mit dem Cytoblasten zugleich resorbiert (cf. Fig. 8, 16, 21). Beim Schnitt werden sie aber zuweilen losgerissen und über das Objekt zerstreut, wodurch man verführt werden kann, sie für frei liegend zu halten. – Auch werden sie wohl später bei beginnender Resorption aus ihrer Verbindung mit der Zellenwand befreit, und dann mag ein leichter Anstoß genügen, sie von der Stelle zu rücken. In ihrer Nähe ist die Zellenwandung oft bedeutend verdickt, besonders da, wo sie mehr kuglich sind, z. B. in dem zellig gewordenen Pollenschlauch bei den Orchisarten (Fig. 16 und 20).

Meyen, der überall zu Rate zu ziehen ist, wo es sich um anatomische Gegenstände handelt, hat in seiner Physiologie Bd. I. p. 45 sqq., auf scharfsinnige Weise seine schönen Beobachtungen über Strukturverhältnisse bei ausgebildeten Zellen benutzend, die Ansicht zu begründen gesucht, daß sich die Zelle aus eng aneinander liegenden Spiralfibern bilde. Meine direkte, leicht von jedem zu wiederholende Beobachtung ergibt freilich eine ganz andere Bildungsweise, indeß muß ich doch die von Meyen angegebenen Tatsachen hier mit meiner Entdeckung in Einklang bringen, um nicht einen anscheinenden Widerspruch unaufgelöst bestehen zu lassen.

Meyen selbst bemerkt mit Recht bei Gelegenheit derjenigen Spiralröhren, deren sehr schmale Fibern eng aufeinander liegen, daß sich eine umhüllende Membran zwar nicht beobachten lasse, daraus aber noch keineswegs auf ihre Abwesenheit geschlossen werden dürfe. – Wenn nämlich die wohl in den allermeisten, vielleicht allen Fällen in Spirallinien sich bildenden Verdickungen der Zellenwände, da, wo sie früh auftreten, wenn noch die ursprüngliche Zellenwand selbst in *Statu nascentiae* und weich ist, sich mit dieser fest verbinden und zugleich die einzelnen Windungen der Spiralfiber völlig eng aneinander liegen, so daß kein für unsere jetzigen Mikroskope sichtbar zu machender Zwischenraum zwischen ihnen bleibt, so muß natürlich auch beim Zerreißen der ganzen Membran [150] (dem sogenannten Abrollen der Spiralgefäße) der Riß derselben nach den Windungen der Fiber so scharf werden, daß unsere Instrumente ohnmöglich die Unebenheiten nachweisen können. – Zugleich ist wohl ins Auge zu fassen, daß die ursprüngliche Zellenmembran, besonders bei langen Haarzellen, oft eine so große Ausdehnung erleidet, daß sie zuletzt unendlich fein werden muß, so, daß auch die dünnste und scheinbar einfachste Zellenwandung noch die Möglichkeit der Zusammensetzung aus der ursprünglichen Membran und der sekundären Ablagerung nicht ausschließt. – Gehen wir nun von den Spiralzellen und Gefäßen aus, deren weit voneinander abstehende Windungen keinen Zweifel an der Existenz einer äußern umschließenden Membran zulassen, und verfolgen wir das Vorhandensein dieser Membran durch alle Formen der immer näher zusammenrückenden Windungen der Fiber, bis nur die Schwäche der optischen Mittel eine fernere direkte Beobachtung unmöglich macht, so fordert schon das Gesetz einer gesunden Analogie, auch hier das Dasein einer solchen Membran anzunehmen. Es gibt aber noch einen direkteren Weg des Beweises, nämlich die Beobachtung der Entwicklungsgeschichte. –

Es ist ein ganz unbedingtes Gesetz, daß jede Zelle (mit vorläufiger Beseitigung des Cambiums) als ganz kleines Bläschen auftritt und erst allmählig zu der Größe sich ausdehnt, die sie im ausgebildeten Zustande zeigt; es ist ferner das konstante Ergebnis einer ausgebreiteten Untersuchung dieses Bildungsprozesses, daß nie eine Zelle eine Spur einer spiraligen Bildung manifestiert, sei es durch den Anblick, sei es durch Zerreißung, ehe sie nicht völlig ausgewachsen ist, d. h. den Cytoblasten resorbiert hat. – Bei allen Spiralzellen, namentlich wo diese getrennte Fasern zeigen, findet man die ausgewachsenen Zellen anfänglich in ihrer Wandung noch völlig einfach. So z. B. beobachtete ich dies bei allen Luftwurzeln, in deren äußerer pergamentartigen Schicht[1]) [151] Meyen die Spiral-

[1]) Meyen nannte in seiner Phytotomie, pag. 163, dies eine äußere Rindenschicht, die auf der eigentlichen Epidermis der Luftwurzeln liege. In neueren Zeiten sind über die Richtigkeit dieser Ansicht einige Zweifel erhoben worden. Sie läßt sich aber ziemlich unumstößlich beweisen, da die von Meyen Epidermis genannte Zellenlage wirkliche Spaltöffnungen besitzt, die freilich meist eben, weil sie bedeckt sind, nur rudimentär auftreten, oft einen obwohl nur scheinbar abweichenden, kom-

fibern entdeckte, namentlich bei *Oncidium altissimum, Acropera Loddigesii, Vanda teretifolia* hort. bot. Berol. (rectius *Brassavola cordata*), *Cyrtopodium speciosissimum, Aerides odorata, Epidendron elongatum, Cattleya Forbesii, Colax Harrisonii* und *Pothos crassinervia.* – Noch deutlicher ist dies in der wirklichen Rindenschicht dieser Luftwurzeln, wo ich bei *Colax, Cyrtopodium* und *Acropera* die viel schöner ausgebildeten, wiel breiteren Spiralfasern entdeckte. In ganz jungen Luftwurzeln findet man keine Spur von ihnen, und ihre Bildung gehört bestimmt einem Verholzungsprozeß an.

Ferner überzeugt man sich ebenfalls von dem erst späten Auftreten der Spiralfibern im *Pericarpium* der *Casuarinen*, dessen Zellen vor oder kurz nach der Befruchtung auch keine Spur von spiraliger Bildung zeigen. Meyen hat diese Faserzellen in den Umhüllungen vieler Samen in seiner Physiologie etwas stiefväterlich behandelt, was um so mehr zu bedauern ist, da diese interessanten, zum Teil höchst niedlichen Bildungen manchen Aufschluß über die Physiologie des Zellenlebens versprechen, besonders wenn man Gelegenheit haben wird, die individuelle Entwicklung mehrerer von ihnen genauer zu beobachten. Es sei mir vergönnt, hier einige wenige Bemerkungen darüber mitzuteilen.

Ihr Vorkommen ist verbreiteter als man gewöhnlich glaubt. In den Haaren des *Pericarpii* kommen sie bei einigen *Compositis* vor, wo sie von Lessing in *Perdicium taraxaci* und *Senecio flaccidus*, von mir in *Trichocline humilis* und *heterophylla* gefunden wurden.

In der Epidermis treten sie auf bei vielen *Labiaten*, so [152] bei *Ziziphora, Ocymum*, bei den meisten *Salvien*, z. B. *limbata, hispanica, Spielmanni* etc., endlich bei *Horminum pyrenaicum.* Bei allen diesen kannte sie mein Onkel Horkel schon seit vielen Jahren, nur bei *Salvia verbenacea* ist ihr Vorkommen von Baxter bemerkt und bekanntgemacht. Ich selbst kann noch *Dracocephalum moldavica* hinzufügen.

Im Parenchym des *Pericarpii* entdeckte sie R. Brown bei den *Casuarinen* und ich in dem schwammig aufgetriebenen

---

plizierten Bau zeigen, [152] z. B. *Aerides odorata* oft aber auch ganz alltäglich und deutlich erscheinen z. B. *Pothor crassinervia.* Übrigens hat nicht Dutrochet, wie es aus Meyen's Physiologie pag. 48 scheinen möchte, sondern Link zuerst auf diese Schicht aufmerksam gemacht.

Zellgewebe bei *Picridium vulgare*, wo sie meist netzartig auftreten und einen höchst reizenden Anblick gewähren.
In der Epidermis des Samens selbst hatte sie Horkel bei den *Polemoniaceen* ebenfalls lange entdeckt, ehe Lindley ihr Dasein bei *Collomia linearis* bekanntmachte. Sie finden sich bei *Collomia, Gilia, Ipomopsis, Polemonium, Cantua Coldasia* und vielleicht in der ganzen Familie mit Ausnahme von *Phlox*, an welches Genus sich *Leptosiphon*, wo sie zuerst angedeutet sind, anschließt. Ferner hatte sie Horkel an den Samen von *Hydrocharis*, wo sie in höchster Entwicklung auftreten, lange vorher studiert, ehe Nees von Esenbeck dies Faktum publizierte. Rob. Brown erwähnt ihrer bei den Orchideen, welche Angabe ich für die meisten unserer einheimischen Orchisarten bestätigt finde. Sehr schöne Spiralfaserzellen entdeckte ich ferner in der Samenepidermis von *Momordica elaterium* und eine mehr netzartige Faserbildung bei *Linaria vulgaris, Datura Stramonium*, bei *Salvien* und vielen anderen *Labiaten*; wahrscheinlich ist es der ganzen Familie eigen. –
Endlich im Parenchyma der Samenintegumente treten sie nach Horkel's Entdeckung noch bei *Cassyta* und *Punica* auf.
Mag man diese Bildungen nun in der individuellen [153] Entwicklung an einer einzelnen Species oder in ihrer immer vollkommneren Erscheinung bei einer Reihe verwandter Arten studieren, so findet man auf beiden Wegen einige höchst interessante allgemeine Resultate. Das allgemeine ganz unbedingte Faktum, was sich zuerst herausstellt, ist, daß die Fasern nie frei sich bilden, sondern im Innern von Zellen, und daß die Wände dieser Zellen in der Jugend einfach und meist sehr zart sind. – Herrn Corda's Angabe von Spiralzellen ohne umschließende Membran (Über Spiralfaserzellen usw. pag. 7 und 8) beruht nur auf mangelhafter Beobachtung.
Gewöhnlich sind jene Zellen anfangs mit Stärkemehl erfüllt, selten mit Schleim oder Gummi. In letzteres geht die Stärke allemal mit fortschreitender Entwicklung über. Dieses verwandelt sich, und zwar, wie es scheint, allmählich von außen nach innen, in Gallerte. – Diese Gallerte endlich geht an ihrer äußern Fläche, einer Spirallinie, deren Windungen bald enger, bald weiter sind, folgend, in vegetabilischen Faserstoff über. – Betrachtet man diese Formen in ihrer verschiedenen Entwicklung und ihren verschiedenen Zuständen, so drängt sich

unwillkürlich der Gedanke auf, daß die spiralige Bildung Folge einer spiraligen Flüssigkeit-Bewegung an den Zellenwänden zwischen diesen und der zentralen Gallerte ist. Auch hat Horkel einmal wirklich die Fortbewegung kleiner Kügelchen zwischen den Windungen der sich bildenden Fiber bei *Hydrocharis* beobachtet.
Das sehr verschiedenartige Auftreten der Fasern scheint hauptsächlich von der Zeit ihrer Entstehung und von Modifikationen in der chemischen Umwandlung des Bildungsstoffes abzuhängen. Auf dem ersten Umstande beruht es wohl allein, ob die Spiralfaser frei in der Zelle liegt, wenn sie sich sehr spät bildet, oder ob sie mit der Membran der Zelle verwachsen ist, wenn ihre Entstehung nämlich in einen Zeitpunkt fällt, wo die Zellenmembran selbst noch sehr weich, gallertartig ist und sich daher mit der ebenfalls noch gallertartigen Faser zusammenleimen kann. Dies ist der Fall bei *Casuarina,* [154] *Cassytha, Hydrocharis, Trichocline, Orchis* etc., meist ist aber die Zellenwandung schon zu weit ausgebildet, um sich noch mit der Faser zu vereinigen, und dann liegt sie lose im Innern der Zelle. – Seltener ist dabei das Material fast ganz zur Bildung der Faser verwendet (wie wohl immer in dem Fall, wo die Fiber mit der Wand verwächst) z. B. bei *Salvia Spielmanni, Momordica elaterium.* Ich habe Grund zu vermuten, daß diese völlige Konsumtion, besonders bei den Spiralgefäßen, fast immer der Fall ist und zur Folge hat, daß sie dann fernerhin nur Luft führen. – Öfter indessen sind eine oder mehrere Fasern gebildet, aber dabei ist noch ein großer Teil der Gallerte unverzehrt geblieben, die dann bei Befeuchtung der Zelle mit Wasser wie ein Darm hervortritt, und durch Aufquellen sich über die Fasern hinaus ausdehnt und so diese zu umschließen scheint, so bei den meisten *Salvien* und *Polemoniaceen,* bei *Senecio flaccidus, Ocymum polystachum* und *polycladium* (*Lumnitzera* Jacq.) – Eine Mittelbildung zwischen dieser und der vorigen ist es, wenn die Gallerte selbst ein breites spiralförmig gewundenes Band bildet, das auf seiner Oberfläche aus unzähligen zarten Fasern zusammengesetzt erscheint; ein Vorkommen, welches sich sehr schön bei *Perdicium Taraxaci* und *Ziziphora* zeigt. – Eine noch weniger fortgeschrittene Bildung läßt uns nur einen Darm oder Kegel von Gallerte im Innern der Zelle finden, dessen Oberfläche aber mit zarten Spirallinien gezeichnet ist. – Man findet dies bei einigen *Sal-*

vien, z. B. *S. verticillata*, bei *Leptosiphon androsaceum*. Endlich die niedrigste Stufe der Bildung ist die, wo der mit Spiralstreifen versehene Gallertdarm in seinem Innern eine Höhle hat, die noch unzersetztes Stärkemehl bewahrt, welche lehrreiche Erscheinung *Dracocephalum moldavica*, *Ocymum basilicum* und einige verwandte Spezies darbieten. – Man vergleiche zu dem allen die Fig. 26–35 mit ihrer Erklärung. –

Ehe ich mich von der Spiralfiber trenne, will ich nur noch bemerken, was freilich in neuerer Zeit wohl von jedem [155] tüchtigen Beobachter längst anerkannt ist, daß der einzige Unterschied zwischen Spiralzelle und Spiralgefäß in der Dimension liegt, obwohl man auch dabei die stetigsten Übergänge ebenso gut beobachtet, wie bei Bast und Parenchymzellen und daß daher, wenigstens in dieser Lehre, für naturphilosophische Phantasieen von erstarrten Traumgebilden höherer Typen und dergleichen leere Worte kein Platz mehr ist. Was aus der runden Zelle eine Bastzelle macht, die überwiegende Ausdehnung eines Organs in die Länge, verwandelt auch die Spiralzellen (die wurmförmigen Körper) in Spiralgefäße. – Die Funktion aber der Spiralfiber ist uns, wie auch gewiß jeder aufrichtige Pflanzenphysiologe gestehen wird, bis heute noch völlig unbekannt. Daß Spiralgefäße und Spiralzellen in der lebenden Pflanze ebenso oft mit Saft (in den jüngeren, vegeten Teilen) als mit Luft (in den älteren, ihrem Umfang nach ausgewachsenen Organen) gefüllt, vorkommen, ist gewiß und hat eben die so verschiedenen Ansichten der Schriftsteller veranlaßt. Dasselbe findet aber auch bei allen Zellen unter gewissen Umständen statt, und der Einfluß der Spiralfaser bleibt dabei völlig dunkel und unaufgeklärt. – Vielleicht wird aus dem Vorstehenden wahrscheinlich, daß über all die Spirale nur eine sekundäre Formenabänderung in dem Produkt der Lebenskraft (dem Faserstoff) ist, hervorgerufen durch eine andere Richtung der Lebenstätigkeit der Zelle, sobald diese auf einer gewissen Stufe ihrer Ausbildung ihre selbständige Individualität aufzugeben und in den Komplex der ganzen Pflanze als integrierender Teil einzutreten gezwungen ist.

Auch glaube ich, daß man aus den angeführten Tatsachen wohl schließlich das Resultat wird ziehen dürfen, daß jede Andeutung spiraliger Bildung das beste Kennzeichen ist, daß man es nicht mehr mit der einfachen Zellmembran zu tun habe.

Ich kehre nach dieser sich etwas breit machenden Abschweifung zu meinem Thema zurück. Der Zellenbildungsprozeß, den ich eben ausführlich darzustellen versucht, ist allerdings [156] der, den ich bei den meisten von mir untersuchten Pflanzen beobachtete. Es gibt indessen manche Modifikationen dieses Ganges, welche die Beobachtung an vielen Orten sehr erschweren, ja vielleicht zuweilen unmöglich machen werden, obwohl nichtsdestoweniger das Gesetz als allgemein gültig unangefochten bleibt, weil die Analogie es fordert und wir uns über die Gründe der Unmöglichkeit direkter Beobachtung vollständig Rechenschaft geben können.

Die Schwierigkeiten, die ich hier andeute, beruhen insbesondere auf den physikalischen und chemischen Eigenschaften der der Zellenbildung vorangehenden Stoffe. Die oben aufgeführten Materien sind nämlich kaum etwas anderes, als einzelne der Übersicht und leichteren Charakterisierung wegen willkürlich hervorgehobene Momente aus dem uns noch gänzlich fremden, beständig fortgehenden, organisch-chemischen Prozesse des Pflanzenlebens. Fast alle jene Stoffe finden sich in der lebendigen Pflanze stets beieinander vor, und nur das überwiegende Mehr oder Minder legt uns den Ausspruch in den Mund: die Zelle enthält Amylum oder Gummi usw. Nur am Ende des individuellen Lebens der einzelnen Zelle finden wir dieselbe mit einer geringeren Anzahl differenter Stoffe erfüllt; mit einem einzigen vielleicht nur bei den Zellen, die ätherisches Öl enthalten. –

Nehmen wir nun an, daß eine Zelle ganz mit wasserheller Zuckersolution gefüllt ist, in welcher rasch stets gerade nur soviel Gummi gebildet wird, um durch ebenso schnelles Übergehen in Gallerte eine zarte Zellenmembran zu bilden, deren Existenz man bei gleichem Lichtbrechungsvermögen der Wandung, des Inhalts und des umgebenden Mediums gar nicht durchs Mikroskop zu erkennen imstande ist, so wird es sehr wahrscheinlich, daß eine Menge solcher Bildungsprozesse vorgehen können, die sich unserer Beobachtung entziehen und uns nur erst durch ihre Resultate bekannt werden, wenn wir nach Resorption der Mutterzelle an ihrer Stelle plötzlich zwei neue finden. Ist man dagegen erst auf diesen Vorgang aufmerksam [157] geworden, so hat man freilich in der Anwendung von Reagentien, besonders der dem physiologischen Botaniker ganz unentbehrlichen Jodine, manche Mittel, um da, wo man einen solchen Bildungsprozeß ahnt, ihn auch sichtbar zu machen. – Die allmählichen Übergänge zu den völlig unsichtbaren Vorgängen findet man bei umfassenderen Untersuchungen leicht; ich will nur beispielsweise auf einen der schwierigsten mir vorgekommenen Fälle aufmerksam machen. Dieser findet bei dem Keimen der Sporen von *Marchantia polymorpha* statt. – Von den in den Sporen sich zeigenden Zellenkeimen dienen nur wenige, meist nur 2–4, zur Bildung der Zellen; die andern überziehen sich schnell mit Chlorophyll und werden dadurch dem Lebensprozeß entzogen. Die wasserhelle Flüssigkeit aber, in der jene Cytoblasten schwimmen, durchläuft die übrigen Stadien bis zur Verwandlung in Zellenmembran, eben nur an der Grenze dieser letzteren, und so rasch, daß man die höchst zarten jungen Zellen an nichts erkennt, als an einem feinen, meist mehr oder minder unterbrochenen Kreis unendlich kleiner schwarzer Körnchen und an einer kaum merkbar stärkeren Durchsichtigkeit des Inhalts der neugebildeten Zellen, im Vergleich mit dem der Mutterzelle, und endlich unter den günstigsten Umständen an der Stelle, wo die neugebildeten Zellen zusammenstoßen und diese Fuge noch von der Membran der Mutterzelle bedeckt ist. (Fig. 18–20.) Gerade bei den *Cryptogamen* und besonders den Wasserpflanzen möchte dies vielleicht gewöhnlich sein und sich vielleicht auch Mohl's Teilung der Confervenzelle so erklären lassen.

Wenn man bedenkt, daß es gewiß aber viele Pflanzen gibt, wozu vielleicht besonders die Pilze und infusoriellen Algen gehören, bei denen man die Cytoblasten wegen absoluter Kleinheit und Durchsichtigkeit bis jetzt wenigstens noch gar nicht kennt, wenn man ferner sich erinnert, daß das Kernchen im Zellenkeim schon bei größeren Cytoblasten oft unmeßbar klein erscheint oder gar sich selbst bei der stärksten Vergrößerung noch dem Auge ganz entzieht, wenn man endlich aus [158] dem obigen annimmt, daß gleichwohl dieses nicht mehr sichtbar zu machende Körnchen im passenden Medium vielleicht genügende Ursache zur Bildung eines Cytoblasten abgibt, mit welchem der ganze Zellenbildungsprozeß eingeleitet ist, so wird man gestehen müssen, daß die Phantasie einen großen Spielraum gewinnt, um sich überall die Entstehung infusorieller Pflanzengebilde auch ohne Hilfe eines *Deux ex Machina* (der *generatio spontanea*) zu erklären. – Doch ich wollte hier nur Tatsachen und ihre unmittelbaren Folgerungen mitteilen, nicht aber träumen, und knüpfe daher lieber noch einige Bemerkungen über das Wachsen der Pflanze an.

Was heißt wachsen? ist eine Frage, die jedes Kind schnell beantwortet: „wenn ich so groß werde wie Vater.“ Es liegt Wahrheit in dieser Antwort, aber dieses Wenige darf der Wissenschaft nicht genügen. Worte haben nicht an sich Wert sondern sind, wie die Münze, nur Zeichen einer nicht *in specie* aufweisbaren Valuta, um den Verkehr zu erleichtern. Und um das Gleichnis weiterzuführen, es folgt Unsicherheit des geistigen Eigentums und oft Bankerott, wenn diese Münze nicht ihre unveränderliche, genau bestimmte Währung hat, mit einem Wort, die Brauchbarkeit eines wissenschaftlichen Ausdrucks hängt von der genauen Definition des ihm zugrunde liegenden Begriffes ab. – Leider hat uns die Verschrobenheit unserer sozialen Verhältnisse die ursprüngliche Bedeutung des Geldes ganz vergessen lassen, das Zeichen ist uns zur Sache selbst geworden; möge ein guter Genius uns in unserem geistigen Leben vor ähnlichen Mißgriffen bewahren. – Hüten muß man sich hier vor zwei gefährlichen Klippen, einmal, wenn man Worte aus einer Wissenschaft in die andere überträgt, ohne erst genau zu prüfen, ob sie auch in allen mit herübergebrachten Beziehungen an ihren neuen Ort passen; und zweitens, wenn man willkührlich die durch den Geist der Sprache und ihre historische Entwicklung geheiligte Bedeutung eines Wortes fallen läßt und es ohne weiteres in Zusammensetzungen [159] braucht, wo vielleicht höchstens ein ganz unwesentlicher Teil seiner Bedeutung hinpaßt.

So z. B. stellt E. Meyer (Linnaea Bd. 7. p. 454) nach Wiederholung der bekannten Duhamel'schen Versuche den Satz hin: „das Gesetz des Längenwachstums der Internodien ist, unter sich, oder von oben nach unten zu wachsen.“ – Dieses Satzes bedarf er zu seiner Theorie und muß ihn deshalb auf alle Weise verteidigen, obwohl er selbst gesteht, daß dieses umgekehrte Wachstum jedem seiner Leser widersinnig vorkommen müsse. Zu diesem Satz würde er nie gekommen sein, wenn er das aus der tierischen Physiologie ihm vertraute Wort „Wachsen“ sich in bezug auf seine Anwendbarkeit für die Pflanze genauer analysiert hätte; er würde bald gefunden haben, daß die Entstehung neuer Zellen und insofern das wirkliche Wachstum der Pflanze stets in ihren äußersten Teilen nach oben erfolgt und daß gerade sein Gleichnis vom Aufbauen einer voltaischen Säule vortrefflich geeignet ist, um ihn selbst zu widerlegen. Aus den Duhamel'schen und Meyer'schen Versuchen würde noch nichts weiter folgen, als daß die unteren, d. h. gerade die zuerst entstandenen älteren Zellen des Internodiums ein größeres Vermögen haben, sich in der Längsrichtung auszudehnen und dieses Vermögen länger behalten als die jüngeren. –

Für den zweiten Punkt finden wir ein vortreffliches Beispiel in dem in neuerer Zeit häufig ausgesprochenen Satz, daß der Stengel der Pflanze aus den verwachsenen Blattstielen gebildet wird. – Das Wort „Verwachsen" hat aber seit ewigen Zeiten in Leben und Wissenschaft die Bedeutung gehabt, daß zwei oder mehrere ursprünglich und ihrer Natur nach getrennte Teile durch den Prozeß des Wachstums entweder abnorm oder unter gewissen Umständen gesetzmäßig vereinigt werden. Wendet man daher das Wort „Verwachsen" auf den Stengel der Pflanze an, ein Organ, welches in jeder Periode seines Daseins unter allen Formen seiner Erscheinung ein einfaches und ungeteiltes ist und bei der Entstehung [160] der Pflanze sogar stets früher auftritt, als die Blätter mit ihren Stielen, so liegt darin gewiß ein arger Mißbrauch der Sprache, und die Wissenschaft kann dadurch in sich nichts gewinnen und wird obenein in den Augen des geistreichen Laien, der solche Wortspiele durchschaut, verlieren. – Was würde der Zoologe dazu sagen, wollte man den *Truncus* als eine Verwachsung der Extremitäten ansehen.

Ich komme auf meine Frage zurück: was heißt wachsen? Ein alter Schlendrian sagt: Wachsen ist Vermehrung der Masse eines Individuums und geschieht in der unorganischen Welt durch Juxtapositio, in der organischen durch Intussusceptio. Haben wir dadurch für die Pflanzenphysiologie etwas gewonnen? Ich glaube, nein. Soll die Pflanze durch Intussusceptio wachsen, so sage ich, die Pflanze besteht aus einem Aggregat einzelner, in sich abgeschlossener, organischer Moleküle, den Zellen; sie vermehrt ihre Masse, indem an die vorhandenen Zellen sich neue anlegen, also durch Juxtapositio. – Aber die einzelne Zelle nimmt bei ihrer Ausdehnung zu einem im Vergleich mit ihrer ursprünglichen Größe oft ungeheuren Volumen (ich erinnere nur an die Pollenschläuche) doch auch im Innern ihrer Membran an Stoff zu, auch hierdurch vermehrt sich die Masse der ganzen Pflanze, sie wächst also auch durch Intussusceptio. Endlich lagert die Zelle von einer gewissen Zeit an auf ihrer primitiven Membran schichtenweise neue organische Materie ab, also abermals eine Juxtapositio, die doch auch in den Kreis des Pflanzenlebens gehört. – Man sieht hieraus leicht, daß der Begriff „Wachsen" für die wissenschaftliche Botanik erst einer neuen Begründung bedarf, um ihn mit Sicherheit anwenden zu können.

Von den drei eben genannten Fällen gehören aber der zweite und dritte mehr dem individuellen Leben der Zellen an und sind für den Begriff der ganzen Pflanze (als einem aus einer gewissen (1 bis ∞) Anzahl von Zellen zusammengesetzten Organismus) nur von untergeordneter Bedeutung. – Die Pflanze in ihrer Totalität gedacht vermehrt ihre Masse, das heißt, die [161] Zahl der sie zusammensetzenden Zellen nur auf die erste Art.

Man muß also hier drei physiologisch wesentlich von einander verschiedene Prozesse sondern, die streng genommen kaum ihre Analogie in den anderen Reichen der Natur finden.

1. Die Pflanze wächst, d. h. sie bildet die ihr zukommende Anzahl von Zellen.

2. Die Pflanze entfaltet sich, indem die gebildeten Zellen sich ausdehnen und entwickeln. – Es ist besonders diese für die Pflanze ganz eigentümliche Erscheinung, die, weil sie auf der Zusammensetzung derselben aus Zellen beruht, bei den Kristallen wie bei den Tieren in keiner auch nur entfernten Form vorkommen kann.

3. Die Wände der ausgewachsenen Zellen verdicken sich durch neu abgelagerte Schichten, ein Prozeß, den man nach der alten Regel: *a potiori fit denominatio,* am zweckmäßigsten das Verholzen der Pflanze nennen kann.

Bleiben wir jetzt bei dem Wachsen der Pflanze in dem sub No. 1 angegebenen Wortverstande stehen, so muß noch ferner die Frage entstehen: wo bilden sich die neuen Zellen? Drei Fälle umfassen hier alle möglichen Antworten. Entweder nämlich bilden sich die neuen Zellen außen an der Oberfläche der ganzen früheren Masse oder im Innern derselben und dann wieder entweder in den Interzellularräumen oder in den Zellen selbst; *quartum non datur.*

Mirbel hat in zwei überaus geistreichen und gründlichen Aufsätzen über die *Marchantia polymorpha,* die er 1831 u. 32 der

Pariser Akademie überreichte (pag. 32), die Ansicht ausgesprochen, daß alle drei soeben als möglich aufgezählten Fälle auch wirklich in der Pflanze vorkämen. – Ohne hier schon dem Folgenden vorgreifen zu wollen, muß ich doch bemerken, daß nur der eine Fall (die Bildung neuer Zellen in alten) durch seine direkten Beobachtungen bewiesen erscheint. Der zweite Fall ist bloß erschlossen, und die Keimung der Marchantiasporen endlich, die den dritten Fall erläutern sollte, [162] ist von mir ganz anders beobachtet worden, wie ich schon oben dargestellt habe.

Wir müssen aber endlich noch zusehen, ob vielleicht die Verschiedenheit der Organe eine physiologische Verschiedenheit des Wachstums begründet, die unsere Aufmerksamkeit verdient. Wir können hier vier Fälle unterscheiden. Wir beobachten 1) die Entwicklung der Pflanze nach oben (*in puncto vegetationis* C. Wolff). 2) Die Verlängerung nach unten. Hierdurch umfassen wir die Bildung der notwendigen Organe der Pflanze, des Stengels, der Blätter (mit ihren Metamorphosen) und der Wurzel. 3) Wir haben die Produktion der zufälligen Organe ins Auge zu fassen, z. B. Knollen usw. und 4) finden wir eine jährliche Verdickung an den Achsengebilden, die Entwicklung des Holzstammes.

Sehen wir nun zu, welcher von den drei Möglichkeiten der neuen Zellenbildung in jedem der soeben aufgezählten Fälle zur Wirklichkeit wird.

Wie sich im Embryosack, also in einer großen Zelle, die neuen entwickeln, habe ich oben auseinandergesetzt. Der gleiche Vorgang zeigt sich im Embryonalende des Pollenschlauchs, also in einer nur sehr verlängerten Zelle, und ich fahre hier fort, die weitere Entwicklung des Embryo zu schildern. – Nachdem sich nämlich die ersten Zellen, gewöhnlich nur wenige an der Zahl, gebildet haben, dehnen sie sich schnell so weit aus, daß sie den Pollenschlauch ausfüllen und derselben bald als alte umschließende Membran nicht mehr zu erkennen ist. Sogleich aber entstehen im Innern jeder dieser Zellen wieder mehrere Cytoblasten, die neue Zellen zeugen, bei deren rascher Ausdehnung die Mutterzellen ebenfalls aufhören, sichtbar zu sein, und resorbiert werden. – Derselbe Prozeß von Neuem und so fort. Da aber die neu entstehenden Zellen immer weniger Raum haben, sich auszudehnen, daher immer kleiner werden, so wird durch die immer neu sich im Innern erzeugenden Cytoblasten und das immer gedrängtere Gewebe die frühere Durchsichtigkeit bald aufgehoben, und von da an bis zur [163] völligen Vollendung des Embryo führt uns die gewiß logische Annahme, daß der so eingeleitete Prozeß derselbe bleibt, da kein neues Moment eintritt, welches uns bestimmen könnte, eine plötzliche Veränderung der Lebenstätigkeit anzunehmen, umsomehr, als wir derselben Äußerung der vegetativen Kraft bald wieder begegnen.

Der Same keimt indes, und der Embryo wird zur Pflanze, und hier kann allerdings die Frage entstehen: bleibt der Gang des Lebens auch fernerhin, bei Internodien und Blattorganen derselbe? Wovon man sich hier nun sehr bald überzeugt, ist die Negative, daß eine Entstehung neuer Zellen auf der Oberfläche der vorhandenen Organe nicht stattfindet. Die Oberfläche ist immer glatt und meist sehr früh mit einer Art von Oberhaut bekleidet, indem die äußere Schicht durchsichtiger und fast wasserhell ist, und nie findet man auch nur eine Andeutung einer neugebildeten Zelle auf der Oberfläche.

Wenn aber der Embryo das Vorbild der ganzen Pflanze ist und diese nichts zeigt, was nicht eine Wiederholung seiner Organe sei, wenn wir beim Embryo fanden, daß sein Wachstum nur in der Bildung von Zellen in Zellen besteht, so dürfen wir erwarten, dasselbe Resultat auch beim Wachstumsprozeß der ganzen Pflanze zu finden. – Ein Blattorgan aber ist es vorzüglich, welches schon von vielen ausgezeichneten Männern in seiner Entwicklung verfolgt ist (besonders gut von Mirbel), nämlich die Anthere, und hier ist es ganz entschieden, daß die Vermehrung der Zellen innerhalb der Alten vor sich geht. – Und gewiß stimmt auch hier die Bildungsweise mit der eben geschilderten überein. R. Brown und Meyen haben viele Fälle angeführt, wo sie den Cytoblasten an ganz jungen Pollenzellen beobachteten. Bei *Pinus*, *Abies*, *Podostemon*, *Lupinus* und anderen habe ich die Pollenentwicklung vollständig nach Mirbel verfolgt, bei *Abies* habe ich bestimmt die Zellenkeime und ihre Entwicklung zu neuen Zellen in einer anderen beobachtet und nie bei den jungen Zellen den Cytoblasten vermißt.

[164] Sind nun die Pollenkörner nichts anders als verwandeltes Blattparenchyma, ist die Anthere nur eine Metamorphose des Blattes, so darf man wohl rückwärts schließen, daß der Vorgang, den wir hier beobachtet, der die Embryo- und Co-

tyledonenbildung (als Blattprototypen) charakterisierte, sich auch bei allen blattartigen Organen wiederfinden werde. – Aus demselben Grunde, wie in den späteren Stadien der Embryoentwicklung ist die wirkliche Beobachtung hier unendlich schwierig. Ich habe in dieser Beziehung indessen eine große Menge von Knospen untersucht und mich auf das bestimmteste von der Identität des Vorganges sowohl für die stets sich verlängernde Spitze der Achse als für die immer etwas unterhalb derselben entstehenden Blätter überzeugt. Am geeignetsten dazu sind die fleischigen Gewächse, die *Aloineen* und *Crassulaceen*. Am vorteilhaftesten ist mir *Crassula Portulaca* erschienen, bei welcher es mir zuerst gelang, einzelne Zellen aus dem Zusammenhang zu trennen, in deren Innerm schon junge Zellen entwickelt waren, ohne jedoch noch die Mutterzelle ganz auszufüllen. – Nachdem ich aber einmal vertraut mit der Sache geworden war, fand ich später auch bei allen anderen Pflanzen aus dem anscheinend nur halb organisierten Chaos die Einzelheiten heraus. – Es kommt hier freilich noch ein Umstand hinzu, der die Sache selbst schwieriger macht als beim Embryo. Abgesehen nämlich von der Kleinheit der Zellen sind ihre Wandungen in den neu sich bildenden Pflanzenteilen nur noch aus Gallerte gebildet und so zart, daß es unendlich schwerfällt, ohne völlige Zerstörung der Organisation die Teile, die man untersuchen will, zu zerstückeln. – (Man vergleiche hier Fig. 22–24.)

Leichter sichtbar ist dieser Prozeß schon bei gegliederten Haaren und solchen, die ein aus mehreren Zellen bestehendes Köpfchen haben, wo man dieselben Erscheinungen, die ich so oft im jungen Embryo beobachtete, und wie Mirbel sie so schön bei der Entwicklung der Gemmen in den Bechern der *Marchantia* beschrieben, leicht und schön sehen kann, z. B. an [165] der gemeinen Kartoffel. Auch Meyen hat ähnliche Beobachtungen gemacht, obwohl er sich noch mit einigem Zweifel darüber ausspricht (Wiegmann's Archiv 1837, Bd. II. pag. 22).

Erst wenn so viele Zellen gebildet sind, als dem Organ zu seiner Vollendung nötig, werden die Zellenwände fester, und nun beginnt die Entfaltung des Organs durch bloße Ausdehnung der gebildeten Zellen.

Ich muß aber hier noch etwas mehr ins Detail eingehen, um die wahrscheinliche Entstehung der Gefäßbündel und der

Oberhaut zu erläutern. Schon ziemlich früh charakterisiert sich in der Achse des sich bildenden Blattes ein Streifen hellerer Zellen, in denen sich keine neuen mehr bilden und welche bald die durch beständiges Zerfallen immer kleiner werdenden Zellen der übrigen Masse bedeutend an Größe übertreffen. – Diese Zellen sind die Grundlage des zukünftigen Gefäßbündels, welches die Mittelrippe des Blattes bildet. Indem nämlich die Parenchymzellen sich später allseitig ausdehnen, entwickeln sich diese Zellen nur in der Längendimension und können so, obwohl an Zahl geringer, doch der Ausdehnung der übrigen Zellen der Länge des Blattes nach folgen. Später erst differenzieren sich diese Zellen durch Verschiedenheit der inneren Ablagerungen in Spiralgefäße und Bastzellen. – Das Sichtbarwerden der Spiralgefäße beginnt in den neugebildeten Teilen und so auch in den ganzen Knospen immer unmittelbar zunächst der alten, schon gebildeten Spiralgefäße, und sie steigen auf diese Weise, abwärts vom Stamme, in den neuen Teil hinein. Ich verstehe daher nicht, was man damit sagen will, wenn man die Fibern des Stengels als von den Knospen herabsteigend betrachtet, man könnte ebenso gut den Fluß, als vom Meer zur Quelle laufend, ansehen.

Ein ähnlicher Vorgang findet bei Entwickung der Seitennerven der Blätter statt. Auch in der äußersten Zellenschicht hört meist schon früh die Bildung neuer Zellen auf. Die Zellen derselben füllen sich bald mit einer wasserhellen Flüssigkeit [166] und werden bei der Ausdehnung des darunterliegenden Parenchyms natürlich flächenartig, platt, ausgedehnt.

Die Zellen des Gefäßbündels und der Oberhaut erscheinen auf diese Weise minder potenziert, gleichsam als Zellen minderer Dignität, als die Parenchymzellen, und vielleicht hängt damit die physiologische Eigentümlichkeit zusammen, daß sie seltener eigentümliche, chemische Stoffe in sich ausbilden, sondern meist nur durch Ablagerungen neuen vegetabilischen Faserstoffes (richtiger Membranstoffes) in ihren Wandungen verdickt werden. Ich kann nicht unterlassen, einige Andeutungen hier zu versuchen, die vielleicht weniger eng mit dem Schema dieses Aufsatzes zusammenhängen, aber vielleicht dermaleinst für das Verständnis der ganzen Pflanze folgenreich werden können. Fassen wir nämlich den soeben geschilderten Wachstumsprozeß der Pflanze noch einmal zusammen. Eine einfache Zelle, der Pollenschlauch ist ihre erste Grundlage. In diesem entstehen Zellen, in ihnen entwickeln sich neue Zellen und so fort durch das ganze Leben. Nun deutete aber die eben angegebene Weise der Entstehung der Gefäßbündel und der Oberhaut im Verhältnis zum Parenchym darauf hin, daß, je niederer die Dignität der Zelle, sie 1) ein um so größeres Vermögen besitzt, sich auszudehnen und in die Länge zu strecken, und 2) eine um so geringere Fähigkeit besitzt, eigentümliche, feinere Stoffe in ihrem Innern zu bilden. – Geht nun die Potenzierung der Zellen durch das ganze Wachstum der Pflanze durch, so folgt daraus ein immer näheres Zusammenrücken der sonst auseinandergeschobenen Organe und eine immer höhere Veredlung der in den Zellen entwickelten Stoffe. Also die unteren Teile der Internodien werden länger gestreckt erscheinen als die oberen, die Blätter und jüngeren Triebe (*summitates herbarum* Pharmacol.) edlere Säfte enthalten als der Stengel; die Glieder verkürzen sich, wie sie sich dem oberen Endpunkt der Pflanze nähern, die Blätter rücken näher zusammen, und das Resultat dieser inneren höheren Potenzierung der Zelle, der immer geringeren Ausdehnung [167] in die Länge, des immer nähern Zusammenrückens der seitlichen Organe, der immer edler entwickelten Stoffe ist endlich die Blüte, in ihrer individualisierten Abgeschlossenheit, mit ihrer Farbenpracht, ihrem Duft und ihrer geheimnisvollen Fähigkeit, durch ihre Säfte eine einzelne Zelle zu bestimmen, daß sie sich aufs neue zur selbständigen Pflanze entwickle und denselben Kreislauf aufs neue durchmache.

Ich kehre nach dieser Abschweifung zum Thema zurück. Bis jetzt glaube ich ziemlich folgerecht und naturgemäß nachgewiesen zu haben, daß beim ganzen Wachstum der Pflanze[2]) sich stets nur Zellen in Zellen bilden. Gehen wir jetzt zur Wurzel über. Hier kann ich nur sehr geringe Beiträge zur Aufklärung der Sache liefern, indem es mir bis jetzt nicht hat gelingen wollen, bei den nicht sehr ausgedehnten Untersuchungen, die ich darüber angestellt, zu einem genügenden Resultat zu kommen. – Es ist mir nämlich durchaus nicht geglückt, die Frage zu entscheiden, ob sich an der Spitze des Würzelchens eine Flüssigkeit ausscheidet, in welcher sich neue Zellen

---

[2]) Ich bemerke, daß im ganzen Aufsatz im allgemeinen nur von Phanerogamen die Rede ist.

entwickeln. – Dagegen ist es gewiß, daß sich im Wurzelende eine konkav-konvexe Gruppe (ein Meniscus) Zellengewebes befindet, in welcher der Zellenbildungsprozeß in derselben Weise, wie in den nach oben wachsenden Teilen stattfindet. Eine Hauptursache der Verlängerung der Wurzel besteht also darin, daß sich an der konvexen Seite jener Zellenmasse stets neue Zellen im Innern der vorhandenen bilden, während an der konkaven Seite die gebildeten Zellen sich gleichzeitig, und zwar meist vorherrschend in der Längsrichtung, ausdehnen und so die Wurzelspitze immer vor sich herschieben.

Den dritten Fall, die Bildung der zufälligen Organe der Pflanze, muß ich hier ganz übergehen, weil es mir darüber durchaus an eigenen Beobachtungen fehlt. Wahrscheinlich ist [168] hier der Vorgang aber derselbe, wie in den vorigen Fällen, denn Meyen (Physiologie I. pag. 209) beobachtete in keimenden Orchideenknollen die Zellenkeime. Auch führt die Analogie auf ein gleiches Resultat, da alle diese Teile doch nichts anderes als morphologische Modifikationen der im vorigen schon abgehandelten Organe sind. Es bleibt indes noch der vierte Punkt zu erörtern, nämlich die Zunahme der holzstammbildenden (*Dicotyledonen*) Pflanzen in die Dicke. Die Entstehung und Bedeutung des Cambiums ist die Nuß, an der so mancher junge Phytologe sich schon die Milchzähne ausgebissen, der gordische Knoten, den mancher botanische Alexander zerhauen, statt ihn aufzuknüpfen, und das Rätsel, an dessen Lösung fast alle Koryphäen unserer Wissenschaft mit mehr oder weniger Glück gearbeitet haben. Auch meine Untersuchungen über diese neuentstehende Bildungsschicht zwischen Rinde und Holz sind noch keineswegs abgeschlossen.

Ehe ich aber zur Mitteilung meiner Beobachtungen darüber schreite, ist es nötig, die Frage über die Individualität der Pflanzen noch einmal wieder aufzunehmen. – Ich habe schon oben bemerkt, daß im strengsten Sinne des Wortes nur die einzelne Zelle ein Individuum genannt zu werden verdient. – Gehen wir einen Schritt weiter, so könnten wir jede Achse mit ihren Seitenorganen als Einzelwesen erklären. Sehen wir aber von dieser Zusammensetzung der Pflanze aus Zellen und gleichartigen Achsen ab und fassen wir Individuum für die organische Welt als den Körper auf, der sich, ohne Aufhebung seines Begriffs als Ganzes, nicht in zwei oder mehrere gleiche teilen läßt und dessen Lebensprozeß in abgeschlossener Periodizität einen bestimmten Anfangs- oder Endpunkt hat, so folgt daraus, daß nur die krautartige (*planta annua*) und die echte, zweijährige Pflanze, die nämlich erst im zweiten Jahr blüht und dann ganz abstirbt, als Individuum in der Pflanzenwelt zu betrachten sei. – Der Begriff des individuellen Lebens fordert auch notwendig als Merkmal den schon in der Organisation selbst bedingten individuellen Tod. Wo aber ein [169] solcher Tod nicht als endlicher Abschluß durch innere Notwendigkeit, als innerlich im voraus bedingtes Aufhören der organisierenden Tätigkeit gegeben ist, kann auch von keinem Individuum die Rede sein. Dies ist aber nur bei den obengenannten Pflanzen der Fall, und von ihnen also ganz allein muß bei allen Untersuchungen über Natur und Leben des vegetabilischen Organismus als vom Prototypus ausgegangen werden.

Um den Übergang zum folgenden zu vermitteln, wende ich mich zur Aufstellung der zwei verschiedenen Arten der Fortpflanzung. Diese geschieht entweder durch einen Prozeß, den man bis jetzt auch bei den Pflanzen Befruchtung genannt und einer geschlechtlichen Differenz zugeschrieben hatte (vgl. Wiegmanns Archiv 1837, Bd. I. pag. 290 sqq.) oder durch Teilung, indem nämlich die Pflanze ein vollständiges gleiches Individuum an sich entwickelt und zur bestimmten Zeit von sich entläßt. – Dies letztere, die Bildung der sogenannten Bubillen usw., kommt neben dem vorigen nur einer geringen Anzahl Pflanzen zu. Wir müssen uns aber noch etwas genauer damit bekanntmachen. – Diese Schöpfung geschieht nämlich nicht in der Weise, daß sich die Mutterpflanze ganz von ihnen trennt und sie vereinzelt ausstreut, sondern sie bildet am häufigsten vor ihrem individuellen Tode ein eigenes Organ, welches die Proles in eine eigene, lebendige Verbindung untereinander setzt und zugleich als Lagerstätte für eine gewisse Menge Nahrungsstoffes dient, wodurch die erste Entwicklung dieser jungen Individuen erleichtert wird. Meist ist aber dieses Organ nur eine Metamorphose eines einzelnen anderen, schon bekannten, z. B. des Stammes oder der Wurzel oder wie bei der Kartoffel der Axillarknospen, und man hat hier in der Wissenschaft daher nie angestanden, von diesen Dingen als von bloßen Pflanzenteilen zu sprechen, die als Verbindungsglieder zwischen den jüngeren Individuen nach dem Tod des erzeugenden Individuums fortleben. Anders hat man dagegen verfahren, wenn Stengel und Wurzel zugleich, also fast die ganze Totalität der Pflanze, an dieser [170] Bildung teilnehmen, und obwohl sich hier vielleicht ergeben möchte, daß nicht einmal von einer Heteromorphie eines bekannten Pflanzenteils die Rede sein kann, so hat man doch hier die physiologische Identität in der Bedeutung dieses und des vorigen Teils nicht mit Bestimmtheit festgehalten und sich so selbst den Blick getrübt.

In den meisten Handbüchern wird ganz stillschweigend, als ob sich's von selbst verstände, vom Baum als von der vollkommenen Pflanze ausgegangen, und ich glaube, es ist nicht schwer nachzuweisen, daß, wo die Pflanzenphysiologie noch recht sehr im argen liegt, gerade dieser Mißgriff die alleinige Schuld trägt. – Man hat zwei ganz verschiedene Begriffe dabei verwechselt, nämlich die höchste Stufe der Entwicklung, zu der sich das Pflanzenleben überhaupt erheben kann, und den Typus, der dem Begriff des Individuums zugrunde gelegt werden muß. Wenn man nun wohl das erste vom Baume behaupten darf, so ist doch die Anwendung des zweiten Begriffs auf ihn in jeder Beziehung ganz und gar verfehlt, wie es auch schon E. Meyer (Linnaea VII. pag. 424 sqq.) sehr richtig ausgesprochen hat. – Es gehört notwendig zum Begriff der Pflanze, daß sie an ihrem Stengel Blattorgane hervorbringe; es gibt aber keinen Baum, der Blätter hat. – So paradox dies klingt, ist es doch nicht minder wahr. Es ist eine Tatsache, die wohl keinem Botaniker unbekannt ist, daß kein verholzter Teil einer Pflanze, und wäre es auch selbst erst im zweiten Jahr, fähig ist, ein Blatt zu produzieren, aber keineswegs ist die unmittelbare Folgerung ebenso allgemein anerkannt, daß eben deshalb der verholzte Stamm nicht unter den Begriff der Pflanze fallen kann. Aus dem Fehler, den Baum als eine einzelne Pflanze anzusehen, ist viel Verwirrung in unsere Physiologie gekommen, die Begriffsbestimmungen für Wurzel, Stengel, Knospe usw. sind sehr unbestimmt geworden, und erbitterte Streitigkeiten wurden über die Funktionen dieser Teile geführt, die kein Resultat haben konnten, weil der eine von diesem, der andere von jenem, dieser vom [171] Stengel, jener vom Stamm, dieser von der Wurzelfaser, jener vom holzigen Wurzelkörper sprachen.

Die sogenannte verholzte Wurzel ist aber ebenso wenig Wurzel, als der verholzte Stamm noch ein Stengel ist, sondern

beide zusammen sind ein ihrem Begriff nach untrennbares und noch dazu für die Pflanze selbst im ganzen rein zufälliges Organ, welches das einjährige Individuum auf seiner Oberfläche abgesondert hat, um durch eine einzige organisierte Haut die ganze Summe der neueren jüngeren Individuen in Verbindung zu bringen. – Der Baum entspricht ganz und gar dem Polypenstamm, und es scheint mir nicht begründeter, von ihm als Typus bei den Pflanzen auszugehen, als wenn der Zoologe eine *Gorgonia* als Ideal tierischer Individualität aufstellen wollte. Diese Analogie wird aber keineswegs dadurch geschwächt, daß wir den Holzstamm gerade bei den höchstentwickelten Pflanzen am häufigsten treffen, sondern es ist im Gegenteil natürlich, daß, wenn die Tierwelt gewissermaßen die vegetative Seite von der Pflanzenwelt empfängt, sich diese auf der niedrigsten Stufe der Tiere an die höchsten Pflanzen anschließt, während selbst diese vegetative Hälfte der Lebenserscheinungen bei den höheren Tieren mit der immer reiner und abgeschlossener hervortretenden Individualität, ebenfalls geläutert und veredelt wird.
Bei dieser Deutung des Holzstammes (die Wurzel eingerechnet) erscheint es denn auch keineswegs fernerhin auffallend, daß dieses Organ (gleichsam nur ein organisierter Boden) überall auf seiner Fläche junge Pflanzenindividuen, d. h. Knospen, erzeugen kann, sobald er nur in der Lage ist, von irgendeinem Teil aus, mag dieser nun scheinbar der ehemaligen Wurzel oder dem Stengel entsprechen, diesen Knospen Nahrungsstoff zuzuführen, während der gereinigte Begriff der Pflanze zu dem Gesetz führt, daß im regelmäßigen Verlauf der Vegetation weder Wurzel noch Internodium, sondern nur die Blattachsel eine Knospe, d. h. eine neue Achse mit Seitenorganen, erzeugen könne.
[172] Zur entschiedenen Begründung dieser Ansicht dient nun aber das folgende, was bei der nie planlos, wie ein schlechter Künstler, zwischen den verschiedenartigsten Manieren schwankenden Natur für die gewöhnliche Behandlungsweise ein unauflöslicher Widerspruch und geradezu ein Wunder würde.
Wir vermissen nämlich bei Absonderung dieser organisierten Masse des Holzes plötzlich den Einfluß des Bildungsgesetzes, welches bis dahin ohne Ausnahme das Wachstum der ganzen Pflanze in allen ihren Teilen beherrschte. – Hier bilden sich, soviel bis jetzt darüber bekannt geworden, nicht Zellen in

Zellen, hier findet keine allseitige Ausdehnung des anfangs kleinen Bläschens statt, hier findet sich kein Cytoblast, auf dem sich die junge Zelle bilden könnte, – sondern unter den äußeren Zellenschichten, die man unter dem Ausdruck Rinde zusammenfaßt, ergießt sich, gleichsam in einem einzigen großen Interzellularraum eine organisierbare Flüssigkeit, die, wie es scheint, ganz plötzlich in ihrer ganzen Ausdehnung zu einem neuen, ganz eigentümlich geformten und aneinander gelagerten Zellgewebe, dem sogenannten Prosenchyma, erstarrt. Hier bilden sich ferner bestimmt keine Gefäßbündel aus Zellen niederer Dignität, denn alle Zellen sind gleichzeitig und in ihrer ganzen Größe entstanden, und was man (Spiral-) Gefäße des Holzes genannt hat, ist etwas von den Spiralgefäßen der krautartigen Pflanzen, sowohl ihrer Entstehung als wahrscheinlich auch ihrer physiologischen Bedeutung nach unendlich verschiedenes. Bei den zum Zeil sehr heftig geführten Streitigkeiten über die Funktion der Spiralgefäße ist ebenfalls kein Resultat gewonnen und konnte keins gewonnen werden, weil jeder ganz *ad libitum* an die Spiralgefäße der krautartigen Pflanze oder des Holzes dachte, die Möglichkeit, daß beide sehr verschiedene Dinge sein könnten, aber ganz aus dem Auge ließ. – Betrachten wir nämlich das Cambium in der allerfrühesten Zeit, in der es anfängt, Organisation zu gewinnen, so finden wir, daß es durchweg aus ganz gleichförmigen, noch gelatinösen Prosenchymzellen besteht. Kurz nachher zeigen sich einzelne Längsreihen dieser [173] Zellen etwas in die Breite ausgedehnt, wodurch sie sich denn noch allein von ihrer Umgebung unterscheiden. Bei fernerer Entwicklung bemerken wir, daß an den Wänden einzelner dieser erweiterten Zellen dunkle Flecke erscheinen, die wir bald für kleine flache Luftbläschen erkennen, die sich zwischen der Wand dieser und der benachbarten Zelle gebildet. Nach und nach werden alle übereinanderliegenden erweiterten Zellen auf diese Weise verändert; allmählich zeigt sich das Luftbläschen schärfer kreisförmig oder oval begrenzt, und es erscheint in seiner Mitte ein kleinerer, immer deutlicher hervortretender Kreis, der daher entsteht, daß bei der Ablage neuer Masse auf die innere Zellenwand, die dem äußern Luftbläschen entsprechenden Teile von dieser Ablagerung freibleiben, wodurch sich ein kleiner Kanal, der die neu abgelagerte Masse durchbohrt, bildet. Wir erkennen nun das ausgebildete sogenannte poröse

Gefäß, indem gleichzeitig die Scheidewände zwischen je zwei übereinanderliegenden Zellen mehr oder weniger resorbiert erscheinen. – Diese Bildungsgeschichte der porösen Gefäße, die man leicht an Linden und Weiden beobachten kann, widerspricht sehr der gewöhnlichen Meinung, als dienten die Porenkanäle zur Erleichterung der Säftekommunikation. Da sich das Luftbläschen außen auf der Wandung zuerst bildet, so macht dieses das Durchdringen des Saftes an dieser Stelle unmöglich, und gerade deshalb möchte die Entstehung des Porenkanals am leichtesten und natürlichsten als eine lokale Atrophie der Zellenwandung zu erklären sein. Zugleich geht hieraus hervor, daß der Unterschied des Laub- und Nadelholzes hinsichtlich seines anatomischen Baues doch wohl nicht von gar so großer physiologischer Bedeutung sein kann, indem bei gleichen Elementen und gleicher Entwicklung der Unterschied im Grunde nur auf dem Mehr oder Minder in der Zahl der Zellen beruht, die in poröse Gebilde umgewandelt werden.

Übrigens sind hier noch unendliche Lücken auszufüllen, und namentlich sind die Entstehung der Markstrahlen und ihr Verhältnis zum Holz, die Bildung der neuen Rinde und endlich die Entstehung der Knospen im Holzkörper noch ebenso [174] viele Aufgaben für weitläufige Untersuchungen, deren Ausführung wir aber bei dem regen und erfreulichen Eifer, der für echt wissenschaftliches Studium der Anatomie und Physiologie der Pflanzen besonders durch unsere noch lebenden Zeitgenossen geweckt ist und gepflegt wird, wohl bald entgegensehen dürfen.

Ich habe, soweit an mir lag, in vorstehendem versucht, manche interessantere Fragen der Pflanzenphysiologie zu lösen, oder doch durch genauere Bezeichnung der Aufgabe einer dereinstigen Lösung näherzuführen. Möchten diese Bemerkungen bei den deutschen Pflanzenphysiologen freundliche Aufnahme und recht baldige Verbesserung und Erweiterung finden.

Inhaltsangabe der zwei Abbildungstafeln zur Arbeit von Schleiden

Tafel III. (Aus Müller's Archiv 1838. Von Dr. Schleiden nach der Natur gezeichnet.)

Fig. 1–10: zeigen junges Zellgewebe aus dem Embryosack von Chamaedora schiedeana und Bildung des Endosperms durch sogen. freie Zellbildung
Fig. 11: Spore von Rhizina laevigata Fries
Fig. 12–15: Zellkerne („Cytoblasten") im Embryosack von Pimelea drupaea
Fig. 16: Pollenschlauchspitze von Orchis Morio
Fig. 17: Pollenschlauchspitze von Linum pallescens
Fig. 18–20: Sporen von Marchantia polymorpha
Fig. 21: Pollenschlauch von Orchis latifolia
Fig. 22 und 23: zwei isolierte Zellen vom Vegetationspunkt von Gasteria racemosus
Fig. 24: junges Blatt (=5 Zellen mit Kern) von Crassula portulaca mit 5 noch von einer Mutterzelle umschlossenen Zellen
Fig. 25: Drei Zellen aus dem gegliederten Haar einer Kartoffel mit „einem Netz von Schleimströmchen"
Fig. 26–35: Epidermiszellen der Frucht- und Samenteile versch. Pflanzenarten

2.
Theodor Schwann

Mikroskopische Untersuchungen über die Übereinstimmung in der Struktur und dem Wachstum der Tiere und Pflanzen

(Berlin 1839)

Vorrede

Es ist ein wesentlicher Vorzug unseres Zeitalters, daß die einzelnen Disziplinen der Naturwissenschaften in immer innigere Vereinigung miteinander treten, und gerade dieser wechselseitigen Durchdringung und Ergänzung verdanken wir einen großen Teil der Fortschritte, welche die Naturwissenschaften in der neuesten Zeit gemacht haben. Um so auffallender ist es aber, wenn die Anatomie und Physiologie der Tiere und Pflanzen trotz der vielen Bestrebungen ausgezeichneter Männer noch ziemlich isoliert nebeneinander stehen und die Schlüsse aus dem einen Gebiet nur eine entfernte und äußerst vorsichtige Anwendung auf das andere Gebiet erlauben. Erst in der neuesten Zeit haben beide Wissenschaften angefangen, in innigere Verbindung miteinander zu treten. – Die vorliegende Abhandlung hat zur Aufgabe, den innigsten Zusammenhang beider Reiche der organischen Na[IV]tur aus der Gleichheit der Entwicklungsgesetze der Elementarteile der Tiere und Pflanzen nachzuweisen.

Das Hauptresultat der Untersuchung ist, daß ein gemeinsames Entwicklungsprinzip allen einzelnen Elementarteilen aller Organismen zum Grunde liegt, ungefähr so, wie alle Kristalle trotz der Verschiedenheit ihrer Form sich doch nach denselben Gesetzen bilden. Ich habe den Sinn eines solchen Vergleichs im Anfange des dritten Abschnittes dieser Abhandlung ausführlicher auseinanderzusetzen mich bemüht und will hier noch die wichtigsten geschichtlichen Momente in bezug auf die Ausbildung dieser Idee hervorheben.

Sobald man das Mikroskop zur Erforschung der Struktur der Pflanzen benutzte, mußte die große Einfachheit derselben im

Vergleich mit der Struktur der Tiere auffallen. Während die Pflanzen sich ganz aus Zellen zusammengesetzt zeigten, waren die Elementarteile der Tiere äußerst mannigfaltig und die meisten derselben schienen mit Zellen gar nichts gemeinsam zu haben. Dies harmonierte mit einer längst geltenden Ansicht, daß nämlich das Wachstum der Tiere, deren Gewebe mit Gefäßen versehen sind, wesentlich verschieden sei von dem der Pflanzen. Den ohne Gefäßen wachsenden Elementarteilen der Pflanzen schrieb man ein selbständiges Leben zu, man betrachtete sie gewissermaßen als Individuen, die erst die ganze Pflanze [V] zusammensetzen, während man bei den Elementarteilen der Tiere keineswegs ein Gleiches tat. Man statuierte also einen wesentlichen Unterschied in der Art und in den Grundkräften des Wachstums.

Indessen zeigte es sich bald, daß bei den Tieren auch Gewebe vorkommen, welche ohne Gefäße wachsen, und zwar erstens bei der Bildung des Eies und den frühern Entwicklungsstadien des Embryo vor der Blutbildung, zweitens bei einigen Geweben des Erwachsenen, z. B. der Epidermis. Bei dem Ei, wo sich unzweifelhafte Beweise eines wirklichen Lebens zeigten, waren alle Physiologen darin einverstanden, daß dort ein sogenanntes pflanzenähnliches Wachstum stattfinde. Diese Pflanzenähnlichkeit bezog sich auf ein Wachstum der Eiteile ohne Gefäße: Form und Entwicklungsweise der Elementarteile waren dabei gleichgültig. Man hielt sich aber nicht berechtigt, aus der Analogie des Eies auf ein pflanzenähnliches Wachstum der Elementarteile der gefäßlosen Gewebe des Erwachsenen zu schließen; es machte sich vielmehr die Ansicht geltend, daß diese Gewebe durch eine Sekretion von der Oberfläche der organisierten Gewebe entständen und wüchsen. So beim Epithelium, der Kristallinse usw. Diese Ansicht bestand noch fort, als auch die Struktur dieser Gewebe genauer bekannt wurde. Auch wurde durch das pflanzenähnliche Wachstum der Bestandteile des Eies die postulierte we-[VI]sentliche Verschiedenheit des Wachstums der gefäßhaltigen Gewebe nicht aufgehoben.

Im Jahre 1837 wurde ein sehr wichtiger Fortschritt dadurch gemacht, daß auch das wirkliche Wachstum der Elementarteile des Epitheliums ohne Gefäße nachgewiesen wurde: Henle (Symbolae ad anatomiam vill. intest. Berol. 1837) zeigte, daß die Epitheliumzellen von den untern Schichten gegen die obern bedeutend an Ausdehnung zunehmen, wodurch also über ein wahres pflanzenähnliches Wachstum derselben kaum noch ein Zweifel übrig bleiben konnte. Henle[1]) sagt (l. c. pag. 9): Hoc in loco (in planta pedis) cellularum (retis Malpighii) diametrum extrorsum augeri, saepius repetita observatione pro re certa affirmare audeo. Quas retis cellulas non minus in foetu suillo sensim incresdentes transire in cellulas epidermidis, nunquam non inveni. Purkinje und Raschkow (meletem. circa mamml. dentium evol. Vratisl. 1835) hatten über die Entwicklung der Epidermis folgendes beobachtet: In primis evolutionis periodis – squamulae – epithelii nondum ita conformatae sunt ut in illa periodo, quae partui praecedit, sed parenchyma plantarum cellulis simillimum ostendunt, cum quaeque squamula, quae [VII] postea talis apparet, tunc temporis tanquam cellula polyedrica e membrana tenacissima constans globosamque guttulam contenens in conspectum veniat. Pressu applicato rumpebantur istae cellulae atque lymphaticum liquorem effundebant, quae cellulae, procedente evolutione, verisimile conplanatae in illas polyedricas squamas mutantur. Henle, indem er diese Stelle anführt, fügt hinzu (l. c. pag. 9): Haec illa num vero sola compressio in causa esse possit, ut parva cellula in Tantam laminam extendatur, nondum satis mihi constat: certe principio increscere volumen cellulae, nescio an imbibitione, constabit, nisi spes fallit, promotis disquisitionibus. Auch wies Henle nach, daß die Wimpern tragenden Zylinderchen nur eine Modifikation des Epitheliums sind (l. c. pag. 22 u. ff.).

Turpin (Annal. des sciences natur. VII. pag. 207) zeigte, daß die Körperchen, welche Donné in den Ausflüssen der *Vagina* gefunden hatte und für abgestoßenes Epithelium hielt, organisierte Zellen seien, die im allgemeinen länglich und an einer oder an beiden Seiten zugespitzt oder ganz unregelmäßig seien, und in deren Innerm sich eine neue Generation sphärischer Bläschen bilde. Er bemerkt dann (l. c. pag. 210): On ne peut s'empêcher, après avoir bien étudié les vésicules dont est formée la couche de mucus produite par la membrane muqueuse vaginale, d'y voir un tissu cellulaire bien organisé et

[1]) Die Beobachtungen von Henle sind pag. 85 dieser Abhandlung ausführlicher entwickelt. Die Untersuchungen von Turpin und Dumortier konnten nicht angeführt werden, da sie mir erst beim Schlusse meiner Arbeit bekannt wurden.

composé comme tous les tissus cellulaires vé-[VIII]gétaux, d'un agglomérat, par simple contiguité, de vésicules distinctes et vivant individuellement chacune pour leur propre compte au dépens de l'eau muqueuse, qui les baigne de toutes parts. Turpin vergleicht dann dieses unter dem Ansehn von Schleim auftretende tierische Zellengewebe mit dem, was er suppurations végétales, excretions muqueuses, qui semblent suinter sous forme de gouttelettes, de la surface des tissus vifs nennt und was man gewöhnlich unter dem Namen Cambium zusammenfasse und setzt zuletzt hinzu (l. c. pag. 212): En étendant la comparaison entre deux choses si comparables, on trouve que la forme variable des vésicules du tissu cellulaire du mucus de la membrane vaginale, leur allongement en pinte, leur flaccidité, toujours entretenue par l'humidité constante qui baigne les tissus animaux, et le développement dans leur intérieur, soit des granules, soit des vésicules sphériques, sont toutes choses, qui s'observent également dans la composition de tous les tissus cellulaires végétaux mous et aqueux et qu l'on désigne par le nom de pulpe ou de parenchyme dans certaines tiges ou feuilles grasses et dans certaines fruits mûrs ou blettes.

In demselben Jahre teilte Dumortier Untersuchungen über die Entwicklung der Schneckeneier mit (Annal. des sciences natur. VIII. pag. 129). Er beobachtete, daß in der in diesen Eiern befindlichen Schleimkugel, aus welcher sich der Embryo bildet, Zellen entstehn, in de-[IX]ren Innerm sich sekundäre Zellen bilden usf. und daß sich dieses Gewebe von Zellen in die Leber umwandelt, während die übrigen Gewebe aus einer gallertartigen Masse entstehen, in der sich Myriaden von Punkten zeigen. In seinen Schlüssen sagt er (l. c. pag. 163): En examinant l'évolution des Mollusques, nous avons démonstré que les tissus animaux, quoique formés originairement de même par la solidification des surfaces, se développement de différentes manières: le tissu cellulaire par des productions médianes, le tissu dermo-musculaire par un feutré de canicules centripètes. Ainsi, chez les animaux, les tissus ne se forment pas au dépens les une des autre; il n'y existe pas un tissu générateur unique, mais bien plusieurs tissus originairement distincts. – Les belles observations de M. Mirbel ont prouvé que chez les végétaux il existe un seul tissu originel, le tissu cellulaire, qui par une suite des métamorphoses, se transforme en tissu vasculaire. Par consequent le regne végétal est caractérisé par l'unité originel, et le regne animal par la pluralité originelle des tissus.

Man hatte außerdem schon häufig auf die Formähnlichkeit einzelner tierischer Gebilde mit pflanzlichen aufmerksam gemacht. So wurde häufig von dicht gedrängten tierischen Zellen oder auch bloßen Kugeln erwähnt, daß sie ein Ansehn wie Pflanzenzellgewebe darbieten, und Valentin (Nov. Act. N. C. XVIII. P. 1.96) fügte der Beschreibung des Kerns der Epidermiszellen [X] hinzu, daß er an den im Pflanzenreiche vorkommenden nucleus in den Zellen der Epidermis, des Pistills u. dgl. erinnere. Solche Vergleiche hatten aber deshalb keine weitere Folge, weil es bloße einzelne Formähnlichkeiten von Gebilden waren, welche die mannigfaltigsten Formen zeigen.

Schleiden stellte Untersuchungen über die Entwicklungsweise der Pflanzenzellen an, wodurch dieser Prozeß aufs herrlichste aufgeklärt wurde. Diese vortreffliche Arbeit erschien später im zweiten Heft von Müller's Archiv 1838. Er fand, daß bei der Bildung der Pflanzenzellen in einer körnigen Substanz zuerst kleine schärfer gezeichnete Körnchen entstehn und um diese sich die Zellenkerne (Cytoblasten) bilden, die gleichsam als granulöse Koagulationen um jene Körnchen erscheinen. Die Cytoblasten wachsen noch eine Zeit lang, und dann erhebt sich auf ihnen ein feines durchsichtiges Bläschen, die junge Zelle, so daß dieses anfangs auf dem Cytoblasten wie ein Uhrglas auf einer Uhr aufsitzt. Sie dehnt sich dann durch Wachstum weiter aus. Schleiden teilte mir die Resultate seiner Untersuchungen vor der Publikation im Oktober 1837 mit. Es war mir früher schon die Formähnlichkeit der Chorda dorsalis, worauf J. Müller schon aufmerksam gemacht hatte, und der Kiemenknorpel der Froschlarven mit Pflanzenzellen aufgefallen; es ließ sich indessen daraus nichts folgern. Die Entdeckungen von Schlei-[XI]den gaben aber die Veranlassung zu weitern Untersuchungen in einer andern Richtung.

In den oben erwähnten Untersuchungen von Henle, Turpin und Dumortier lag die Pflanzenähnlichkeit der untersuchten tierischen Gewebe, Epithelium und Leber der Schnecken, erstens darin, daß die Elementarteile dieser Gewebe ohne Gefäße und zum Teil frei in einer Flüssigkeit oder sogar eingeschlossen in einer andern Zelle wachsen, zweitens darin, daß diese ein gefäßloses Wachstum zeigenden Elementarteile mit einer eigentümlichen Wand versehene Zellen sind, wie die Pflanzenzellen. Nachdem diese Beweise geliefert waren, war man berechtigt, diese so neben die Pflanzenzellen zu stellen, wie die verschiedenen Arten tierischer Zellen, z. B. Keimbläschen, Blutkörperchen, Fettzellen nebeneinander standen, als verschiedene Spezies unter dem naturhistorischen Begriff Zellen.

Die Lage der Sache im Anfange meiner Untersuchung war demnach folgende: Die Elementarteile der Organismen erschienen unter den mannigfaltigsten Formen; mehrere von diesen waren einander ähnlich, und man konnte nach dieser größeren oder geringeren Ähnlichkeit eine Gruppe der Fasern, der Zellen, der Kugeln usw. unterscheiden, und es gab in jeder dieser Abteilungen wieder verschiedene Arten. Wie die Zellen insgesamt von den Fasern, so mußten auch die einzelnen Zellarten von einander [XII] und die einzelnen Faserarten von einander, nur dem Grade nach weniger, als verschieden angenommen werden. Alle diese Formen schienen untereinander nichts gemeinsam zu haben, als daß sie durch Ansatz neuer Moleküle zwischen die vorhandenen wachsen, daß es lebendige Elementarteile sind. Solange man die Epitheliumzellen als eine Sekretion der organisierten Substanz betrachtete, konnte man sie auch nicht einmal in diesem Sinne neben die lebenden Elementarteile stellen. In der Art, wie sich die Moleküle zu den lebenden Elementarteilen zusammenfügen, schien nichts Gemeinsames stattzufinden. Hier fügten sie sich zu dieser, dort zu jener Art von Zellen, an einer dritten Stelle zu einer Faser usw. zusammen. Das Entwicklungsprinzip schien für die physiologisch verschiedenen Elementarteile durchaus verschieden, und eine Verschiedenheit der Gesetze, wie man sie bei der Entwicklung einer Zelle und einer Faser annehmen mußte, mußte man auch nur in geringerm Grade zwischen den einzelnen Zellarten und zwischen den einzelnen Faserarten annehmen. Zellen, Faser usw. waren daher nur naturhistorische Begriffe, und man konnte aus der Entwicklungsweise einer Zellenart nicht auf die einer andern schließen, und in der Tat geschah dies auch nicht, obgleich man wichtige Punkte in dem Entwicklungsprozeß einzelner Zellenarten, z. B. der Blutkörperchen (s. p. 75 d. Abh.) und des Eies (s. d.

Nachtrag p. 258) [XIII] kannte. Die oben angeführten Untersuchungen, obgleich sie das wichtige Faktum des gefäßlosen Wachstums konstatierten, änderten darin nichts. Die Ideen, durch Vergleichung tierischer Zellen mit Pflanzenzellen die Gleichheit des Entwicklungsprinzips für physiologisch verschiedene Elementarteile nachzuweisen, lag in jenen Untersuchungen nicht, und deshalb konnten jene Forscher auch bei den angeführten Untersuchungen stehenbleiben.

Die Entdeckungen von Schleiden lehrten den Entwicklungsprozeß der Pflanzenzellen genauer kennen. Dieser Prozeß enthielt charakteristische Momente genug, um einen Vergleich tierischer Zellen in bezug auf ein gleiches Entwicklungsprinzip möglich zu machen. Ich verglich in diesem Sinne die Zellen der Knorpel und der Chorda dorsalis mit den Pflanzenzellen, und es zeigte sich die vollständigste Übereinstimmung. Die Entdeckung, welche meiner Untersuchung zur Basis diente, lag gerade in der Erkenntnis des Prinzips, welches darin enthalten ist, wenn zwei physiologisch verschiedene Elementarteile auf dieselbe Weise sich entwickeln. Denn aus dem oben Gesagten geht hervor, daß, wenn man in diesem Sinne die Übereinstimmung zweier Zellenarten behauptet, man gezwungen ist, dasselbe Entwicklungsprinzip bei allen auch den verschiedensten Elementarteilen anzunehmen, eben weil der Unterschied zwischen den übrigen Elementarteilen und einer Zelle nur gradweise [XIV] verschieden ist von dem Unterschiede, welcher zwischen zwei Zellen stattfindet, also auch das Entwicklungsprinzip der letztern nur dann gleich sein kann, wenn es sich bei den übrigen Elementarteilen wiederfindet. Dies behauptete ich daher auch gleich, sobald ich von der Übereinstimmung der Knorpelzellen mit den Pflanzenzellen in diesem Sinne überzeugt war.

Es war nun leicht, das aufgestellte Prinzip für die übrigen Gewebe durchzuführen, da man gerade durch dieses Prinzip schon im voraus die Gesetze der Entwicklung derselben kannte. Die wirkliche Beobachtung bestätigte auch vollkommen den für die übrigen Gewebe gezogenen Schluß. Bei den Elementarteilen gefäßhaltiger Gewebe brauchte dieses Prinzip sich nicht notwendig wiederzufinden; denn da hier kein selbständiges Leben der Elementarteile, also eine Verschiedenheit der Grundkräfte des Wachstums angenommen wurde, so konnten hier auch, unbeschadet des Prinzips, ganz andere

Entwicklungsgesetze obwalten. Allein so gering auch die Wahrscheinlichkeit im Anfange war, daß das Prinzip sich auch hier durchführen lasse, so zeigte doch die Beobachtung bald, daß die Gefäße gar keine wesentliche Verschiedenheit des Wachstums begründen, sondern nur einige Unterschiede veranlassen, die sich als Folge einer feinern Verteilung der ernährenden Flüssigkeit, ferner des hierdurch und durch die Zirkulation erleichterten Stoffwechsels und endlich einer größern Imbibi-[XV]tionsfähigkeit der tierischen Substanz erklären lassen. So stellte sich auch durch die Beobachtung der Satz fest, daß es ein gemeinsames Entwicklungsprinzip für die Elementarteile aller Organismen gibt. Man wußte zwar schon längst, daß alle Gewebe sich aus einer körnigen Masse bilden; allein daß diese Körner in einer direkten Beziehung zu den spätern Elementarteilen stehen und in welcher, war nur von wenigen Elementarteilen bekannt, und bei diesen schien die Entwicklungsweise so verschieden, daß die Einheit darin nicht erkannt wurde und nicht erkannt werden konnte. Denn die Gleichheit des Entwicklungsprinzips liegt hauptsächlich in der gleichen Entstehung dieser Körner selbst und diese war unbekannt, ja man bezeichnete unter dem Namen Körner oder körnige Masse bald die ganzen Zellen, bald die Zellenkerne, bald körnige Substanzen, die sich gewissermaßen als chemische Niederschläge bilden und mit den Elementarzellen der Organismen in keinem direkten Zusammenhang stehn.

Eine vorläufige Übersicht der gewonnenen Resultate, welche schon die meisten Gewebe umfaßte, teilte ich im Anfange des Jahres 1838 in Froriep's Notizen No. 91, 103 und 112 mit. Die ausführlichere Behandlung erforderte längere Zeit; die beiden ersten Hefte der vorliegenden Abhandlung gingen im August und Dezember 1838 bei der Pariser Akademie ein. J. Müller und Henle haben die Theorie bereits auf die wich-[XVI]tigsten pathologischen Prozesse angewandt, und es fehlt nur noch die Ausdehnung auf die vergleichende Anatomie namentlich der niederen Tiere.

Am Schlusse dieser Abhandlung habe ich eine Theorie der Organismen versucht und dafür in der Abhandlung selbst alles Theoretische ausgeschlossen, um das Faktische mit dem Hypothetischen nicht zu vermischen. Die Theorie hat wenigstens den Vorteil, daß man sich danach eine bestimmte Vorstellung von den organischen Prozessen machen kann, welche zu neuen

Untersuchungen führt: eine solche Theorie hat daher selbst dann Nutzen, wenn man ihre entschiedene Unrichtigkeit annimmt. Sie enthält die Prinzipien für die organischen Erscheinungen des gesunden und kranken Organismus. Ich beabsichtigte noch die Anwendung auf die einzelnen organischen Prozesse hinzuzufügen; allein eine Veränderung meiner äußern Verhältnisse zwang mich, die Abhandlung zu schließen. Vielleicht findet sich später Gelegenheit, das Fehlende zu ergänzen.

Berlin, im März 1839.

Inhalt

III. Abschnitt.

Rückblick auf die vorige Untersuchung. Der Zellenbildungsprozeß. Theorie der Zellen [191]

Wir haben uns bisher mit der detaillierten Untersuchung über die Bildungsweise der einzelnen Gewebe aus Zellen, mit der Entwicklungsart der einzelnen Zellen und der Vergleichung der verschiedenen Zellen untereinander beschäftigt. Wir müssen uns nun über all dieses Detail erheben, um die Untersuchung in ihren größern Umrissen zu überblicken und den Gegenstand in seinen tieferen Beziehungen auffassen zu können. Als nächster Zweck der Untersuchung wurde oben die Nachweisung der Übereinstimmung der Elementarteile der Tiere mit den Pflanzenzellen aufgestellt. Der Ausdruck „pflanzenähnliches Leben" ist aber so vieldeutig, daß er fast mit gefäßlosem Wachstum gleichbedeutend genommen wird, und es wurde deshalb oben pag. 8 diese nachzuweisende Übereinstimmung dahin erklärt, daß gezeigt werden müsse, daß die Elementarteile der Tiere und Pflanzen Produkte derselben bildenden Kraft seien, weil sie sich unter gleichen Erscheinungen entwickeln; daß ein gemeinsames Bildungsprinzip allen Elementarteilen der Tiere und Pflanzen zugrunde liege. Nachdem wir jetzt die Entstehung der einzelnen Gewebe verfolgt haben, wird es leichter sein, den Sinn dieser Art von Parallelisierung verschiedener Elementarteile klar aufzufassen, und wir müssen uns dabei etwas länger verweilen, nicht nur, weil es die Grundidee der Untersuchung ist, sondern weil alle physiologischen Fol-[192]gerungen von der richtigen Auffassung dieses Prinzips abhängen.

Faßt man die organische Natur, Tiere und Pflanzen, als ein Ganzes im Gegensatz zur anorganischen auf, so finden wir alle Organismen und alle einzelnen Organe derselben nicht als kompakte Massen, sondern zusammengesetzt aus zahllosen kleinen Teilchen von bestimmter Form. Die Form dieser Elementarteile ist aber außerordentlich mannigfaltig, besonders bei den Tieren; bei den Pflanzen sind es meistens oder ausschließlich Zellen. Dies schien im Zusammenhange zu stehen mit der bei den Tieren weit mannigfaltigern physiologischen Funktion der Elementarteile, so daß man den Grundsatz aufstellen konnte, daß jede Verschiedenheit der physiologischen

Bedeutung eines Organs eine Verschiedenheit der Elementarteile erfordere, und man auch umgekehrt aus der Gleichheit zweier Elementarteile auf die gleiche physiologische Bedeutung zu schließen berechtigt schien. Unter den sehr verschiedenen Formen der Elementarteile war es sehr natürlich, daß manche mehr oder weniger einander ähnlich waren, und nach dieser größern oder geringern Formähnlichkeit konnte man sie etwa einteilen in Fasern, welche bei Tieren die größte Masse des Körpers bilden, in Zellen, Röhren, Kugeln usw. Natürlich war dies nur eine naturhistorische Einteilung, keine physiologische Begriffsbestimmung, und so verschieden z. B. eine primitive Muskelfaser von einer Zellgewebefaser, so verschieden alle Fasern von den Zellen erschienen, ebenso mußte zwischen den einzelnen Zellenarten ein nur gradweise verschiedener Unterschied stattfinden. Es hatte das Ansehen, als ob der Organismus die Moleküle zu den bestimmten Formen, welche seine verschiedenen Elementarteile zeigen, so zusammenfüge, wie es die physiologische Funktion erfordert. Daß sich jede einzelne Art der Elementargebilde auf eine bestimmte und bei physiologisch demselben Gebilde überall gleiche Weise entwickele, durfte man voraussetzen, und diese Entwicklungsweise war auch schon bei den Muskel-[193]fasern, den Blutkörperchen, dem Ei (siehe Nachtrag), den Epitheliumzellen mehr oder weniger vollständig bekannt. Allein die Ausdehnung der einmal ihrer Form nach gebildeten Elementarteile schien hier das einzige allen Gemeinsame zu sein. Die Art, wie sich die verschiedenen Elementarteile zuerst bilden, schien dabei sehr verschieden. Bei den Muskelfasern waren es Kügelchen, die sich reihenweise aneinanderlegen und zu einer Faser verschmelzen, die dann in der Richtung der Länge weiter wächst. Bei den Blutkörperchen war es ein Kügelchen, um das sich ein Bläschen bildet, welches weiter wächst; bei dem Ei war es ein Kügelchen, um welches sich ein Bläschen entwickelt, welches wächst, und um welches sich ein zweites weiterwachsendes Bläschen bildet.

Die Untersuchungen von Schleiden klärten den Bildungsprozeß der Pflanzenzellen auf's Herrlichste auf, und zwar schien dieser Bildungsprozeß bei allen Pflanzenzellen derselbe. Betrachtete man also das Pflanzenreich als etwas Besonderes, ganz getrennt vom Tierreich, so hatte man hier ein gemeinsames Entwicklungsprinzip für alle Elementarteile des pflanzlichen Organismus, und es ließen sich daraus die physiologischen Folgerungen über das selbständige Leben der einzelnen Pflanzenzellen usw. ziehen. Betrachtete man aber die Elementarteile der Tiere und Pflanzen unter einem gemeinsamen Gesichtspunkte, so erschienen die Pflanzenzellen nur als eine einzelne Spezies, koordiniert den verschiedenen Spezies tierischer Zellen, so wie die ganze Gattung Zellen den Fasern usw. koordiniert war, und das gleiche Entwicklungsprinzip der Pflanzenzellen ließ sich durch die geringe physiologische Verschiedenheit der Elementarteile der Pflanzen erklären.

Das Thema der vorliegenden Untersuchung war nun, zu zeigen, daß bei der Bildung der Elementarteile der Organismen die Moleküle nicht auf eine Weise zusammengefügt werden, welche nach der physiologischen Bedeutung der Elementarteile verschieden ist, sondern daß sie überall nach denselben Gesetzen sich aneinanderlegen, so daß, mag sich [194] eine Muskelfaser, eine Nervenröhre oder ein Ei oder ein Blutkörperchen bilden sollen, überall zuerst ein Körperchen von bestimmter, nur einigen Modifikationen unterworfener Form, ein Zellenkern, entsteht, um dieses Körperchen sich eine Zelle bildet und erst durch die Veränderungen, welche eine oder mehrere dieser Zellen erleiden, die spätern Formen der Elementarteile entstehen, kurz ausgedrückt, daß es ein gemeinsames Entwicklungsprinzip für alle Elementarteile der Organismen gibt.

Zum Beweise dieses Satzes war es notwendig, den Entwicklungsgang zweier beliebiger, aber unzweifelhaft physiologisch verschiedener Elementarteile zu verfolgen und miteinander zu vergleichen. Stimmten diese nicht etwa bloß im Wachstum, wenn sie ihren Bestandteilen nach schon gebildet sind, sondern auch in ihrer Entstehung vollkommen überein, so war dadurch das Prinzip festgestellt, daß physiologisch ganz verschiedene Elementarteile sich nach denselben Gesetzen entwickeln können. Dies war die Aufgabe des ersten Abschnittes. Es wurde dort der Entwicklungsgang der Knorpelzellen und der Zellen der Chorda dorsalis [von Froschlarven] mit dem Entwicklungsgang der Pflanzenzellen verglichen. Entwickelten sich die Pflanzenzellen bloß als unendlich kleine Bläschen, die sich immer mehr ausdehnen, zeigten sie in ihrer Entwicklung nicht so charakteristische Momente, wie die von Schleiden nachgewiesenen, so wäre ein Vergleich in dem Sinne, wie es hier verlangt wird, kaum möglich gewesen. Im ersten Abschnitt wurde nun zu beweisen gesucht, daß der komplizierte Entwicklungsgang der Pflanzenzellen sich ebenso bei den Knorpelzellen und den Zellen der Chorda dorsalis wiederfindet. Es zeigte sich dabei die ähnliche Bildung des Zellenkernes und seiner Kernkörperchen in all seinen Modifikationen mit dem Kern der Pflanzenzellen, die Präexistenz des Zellenkerns und die Bildung der Zelle um denselben, die gleiche Lage des Kerns in Beziehung zur Zelle, das Wachstum der Zellen und die Verdickung der Zellenwand bei dem Wachstum, die Bildung von Zel-[195]len in Zellen und die Umwandlung des Zelleninhaltes, ähnlich wie bei den Pflanzenzellen. Hier fand also eine vollständige Übereinstimmung in allen bekannten Vorgängen bei der Entwicklung zweier physiologisch ganz verschiedener Elementarteile statt, und es stellte sich somit der Satz fest, daß das Entwicklungsprinzip physiologisch ganz verschiedener Elementarteile dasselbe sein könne und bei diesen zunächst verglichenen Elementarteilen, soviel erkennbar, wirklich dasselbe ist.

Faßt man aber die Sache von diesem Gesichtspunkte auf, so ist man gezwungen, die Allgemeinheit dieses Entwicklungsprinzips nachzuweisen, und dies war die Aufgabe des zweiten Abschnittes. Solange man nämlich Elementarteile annimmt, die nach ganz anderen Gesetzen entstehen und deren Entwicklung mit den zunächst in bezug auf ihr Entwicklungsprinzip miteinander verglichenen Zellen in keinem Zusammenhange steht, muß man auch immer noch eine unbekannte Verschiedenheit in den Bildungsgesetzen der zunächst verglichenen Elementarteile vermuten, wenn sie auch in vielen Punkten übereinstimmen. Je größer dagegen die Zahl der, soviel erkennbar, auf gleiche Weise entstehenden, physiologisch verschiedenen Elementarteile ist, je größer die Verschiedenheit dieser Elementarteile ihrer Form und physiologischen Bedeutung nach ist, während sie doch in den erkennbaren Vorgängen ihrer Bildungsweise übereinstimmen, um so sicherer kann man annehmen, daß ein vollständig gleiches Entwicklungsprinzip allen Elementarteilen zugrunde liegt. Es zeigte sich nun in der Tat, daß die Elementarteile der meisten Gewebe, wenn man sie von ihrem ausgebildeten Zustande zu ihrer ersten Entstehung rückwärts verfolgt, nur weitere Entwicklungen von Zellen sind, die, soweit die noch unvollständigen Beobachtungen reichen, selbst auf ähnliche Weise sich zu bilden scheinen, wie die im ersten Abschnitt verglichenen Zellen. Fast überall fanden sich, wie man es nach jenem Prinzip erwarten mußte, ursprünglich die Zellen mit den sehr charakteristischen Zellkernen ver-[196]sehen, und zum Teil wurde auch die Präexistenz dieses Zellkerns und die Bildung der Zellen um denselben nachgewiesen, und diese Zellen erlitten dann erst die verschiedenen Modifikationen, wodurch sie zuletzt in die verschiedenartigen Formen der Elementarteile der Tiere umgewandelt werden. So löste sich z. B. die scheinbare Verschiedenheit der Entwicklungsweise der Muskelfasern und der Blutkügelchen, wovon erstere durch Aneinanderreihung von Kügelchen, letztere durch Bildung eines Bläschens um ein Kügelchen entstehen, dadurch zu einer Einheit auf, daß nicht die Muskelfasern den Blutkügelchen koordinierte Elementarteile sind, sondern daß erst die Kügelchen, woraus die Muskelfasern entstehn, den Blutkörperchen entsprechen, und, wie diese, Bläschen oder Zellen sind, welche den charakteristischen Zellenkern enthalten, der wahrscheinlich auch hier, wie der Kern der Blutkörperchen, sich vor der Zelle bildet. Auf analoge, jedoch sehr mannigfaltige Weise bilden sich die Elementarteile aller Gewebe aus Zellen, so daß man den Grundsatz aufstellen kann: daß es ein gemeinsames Entwicklungsprinzip für die verschiedensten Elementarteile der Organismen gibt und daß die Zellenbildung dieses Entwicklungs*prinzip* ist. Dies ist das Hauptresultat der bisher mitgeteilten Beobachtungen.

Derselbe Prozeß der Bildung und Umwandlung von Zellen innerhalb einer strukturlosen Substanz wiederholt sich bei der Bildung aller Organe eines Organismus, so wie bei der Bildung neuer Organismen, und das Grundphänomen, durch welches sich überall die produktive Kraft in der organischen Natur äußert, ist demnach folgendes: Es ist zuerst eine strukturlose Substanz da, welche entweder innerhalb oder zwischen schon vorhandenen Zellen liegt. In dieser Substanz bilden sich nach bestimmten Gesetzen Zellen, und diese Zellen entwickeln sich auf mannigfaltige Weise zu den Elementarteilen der Organismen.

[197] Die Entwicklung des Satzes, daß es ein allgemeines Bildungsprinzip für alle organischen Produktionen gibt und daß die Zellenbildung dieses Bildungsprinzip ist, und die aus diesem Satz hervorgehenden Folgerungen kann man mit dem

Namen der **Zellentheorie** im weitern Sinne belegen, während wir im engern Sinne unter Theorie der Zellen dasjenige verstehen, was sich aus diesem Satze über die, diesen Erscheinungen zugrunde liegenden Kräfte schließen läßt.

Wenn nun aber auch dieses Prinzip als unmittelbares Resultat der mehr oder weniger vollständigen Beobachtungen als im allgemeinen richtig hingestellt werden kann, so darf man sich doch einzelne Ausnahmen oder wenigstens bis jetzt unerklärte Verschiedenheiten nicht verhehlen. Dahin gehört z. B. die Zerfaserung der Zellenwände im Innern der Chorda dorsalis der Knochenfische, von der oben pag. 16 die Rede war. Ferner haben mehrere Beobachter schon auf die faserige Struktur der festen Substanz einiger Knorpel aufmerksam gemacht. Man sieht z. B. in den Rippenknorpeln alter Leute diese Fasern sehr deutlich; jedoch scheinen sie nicht gleichmäßig durch den Knorpel verteilt, sondern nur stellenweise vorhanden zu sein; bei neugebornen Kindern sah ich sie gar nicht. Es sieht so aus, als ob hier eine Zerfaserung des vorher strukturlosen Cytoblastems stattfände; doch habe ich keine näheren Untersuchungen darüber angestellt. Auch die Bildung der Markkanälchen in den Knochen ist durch die Beobachtung noch nicht aufgeklärt, und es wurde nur hypothetisch ihre analoge Entstehungsweise mit den Kapillargefäßen vermutet. Die Bildung der Knochenlamellen um diese Kanälchen ist auch eine Erscheinung, wo das Cytoblastem eine bestimmte Form annimmt. Wir werden indessen unten auf eine nicht unwahrscheinliche Erklärung dieses Phänomens zurückkommen. Bei mehreren Drüsen, z. B. bei den Nieren eines jungen Säugetierfötus, ist die das Lumen des Drüsenkanälchens zunächst umgebende Zellenschicht von einer äußerst zarten Membran umgeben, [198] die ein Elementargebilde und nicht aus Zellgewebe zusammengesetzt zu sein scheint. Die Entstehung dieser Membran ist noch nicht klar, obgleich sich verschiedene Wege denken lassen, wie sie mit dem Zellenbildungsprozeß in Übereinstimmung gesetzt werden kann. (Diese Drüsenzylinder scheinen anfangs ganz mit Zellen ausgefüllt und keine freie Höhle zu enthalten. In den Nieren von Schweineembryonen fand ich in den Zylinderchen manche Zellen, die so groß waren, daß sie fast die ganze Dicke des Kanälchens ausfüllten. In anderen Zylinderchen war zwar die ihre Wände später bedeckende Zellenschicht gebildet, aber das Lumen von sehr blassen durchsichtigen Zellen gefüllt, die sich durch Kompression am freien Ende des Zylinderchens herauspressen ließen.)

Diese und ähnliche Erscheinungen mögen einstweilen als Probleme hingestellt bleiben. Obgleich sie die höchste Beachtung verdienen und weitere Untersuchungen erfordern, so wird es doch für den Augenblick erlaubt sein, davon zu abstrahieren, da bei der Aufstellung jedes allgemeinen Prinzips, wie die Geschichte lehrt, im Anfange fast immer Unregelmäßigkeiten übrig bleiben, deren Entwicklung sich erst später ergibt.

Die Elementarteile der Organismen stehen nun nicht mehr lose nebeneinander als Bildungen, die sich nur ihrer Formähnlichkeit nach naturhistorisch klassifizieren lassen; sie sind durch ein gemeinsames Band, die Gleichheit ihres Bildungsprinzips verbunden, und nach den verschiedenen Modifikationen, in welchen sich dieses äußert, ist ein Vergleich und eine physiologische Einteilung derselben möglich. Wir haben im vorigen bereits die Gewebe nach dieser physiologischen Einteilung abgehandelt und die verschiedenen Gewebe untereinander verglichen, wobei sich herausstellte, daß die naturhistorische Zusammenfassung verschiedener, ähnlich geformter Elementarteile nicht sofort einen Schluß auf ihre physiologische, auf die Gesetze ihrer Entwicklung gegründete Stellung erlaube. So wurde z. B. der naturhistorische Begriff „Zellen" im allgemeinen [199] auch zu einem physiologischen, indem die meisten darunter zusammengefaßten Elementarteile auch ihrem Entwicklungsprinzip nach dasselbe sind; allein es mußten doch einzelne, z. B. das Keimbläschen, alle hohlen Zellenkerne, sowie die Zellen, deren Wände aus andern Elementarteilen zusammengesetzt werden, davon getrennt werden, obgleich z. B. das Keimbläschen im naturhistorischen Sinne eine Zelle ist. Es entspricht nicht einer Epitheliumzelle, sondern dem Kern einer Epitheliumzelle. Noch auffallender zeigte sich die Verschiedenheit beider Einteilungsweisen bei den Fasern. Diese entstehen auf die mannigfaltigste Weise, und wie wir sahen, ist eine Zellgewebefaser wesentlich verschieden von einer Muskelfaser, während dagegen ein ganzes primitives Muskelbündel seiner Entstehung nach dasselbe ist wie eine Nervenfaser usw. Durch das Vorhandensein eines gemeinsamen Entwicklungsprinzips für alle Elementarteile der Organismen wird ein neuer Teil der allgemeinen Anatomie begründet, den man den philosophischen Teil derselben nennen könnte, dessen Aufgabe ist: 1) die allgemeinen Entwicklungsgesetze der Elementarteile der Organismen nachzuweisen. 2) die verschiedenen Elementarteile nach dem allgemeinen Entwicklungsprinzip zu deuten und miteinander zu vergleichen.

Überblick des Zellenlebens

Die bisherige Untersuchung hat uns zu dem Entwicklungsprinzip der Elementarteile der Organismen geleitet, indem wir diese Elementarteile aus ihrem vollendeten Zustande zu ihren früheren Entwicklungsstufen zurückverfolgten. Wir wollen jetzt von dem Entwicklungsprinzip ausgehend die Elementarteile im erwachsenen Zustande rekonstruieren, um so übersichtlich die Gesetze zusammenfassen zu können, nach welchen die Bildung der Elementarteile vor sich geht. Wir haben daher hier zu betrachten: 1) das Cytoblastem; 2) die Gesetze, nach welchem sich neue Zellen in dem Cytoblastem erzeugen; 3) den Bildungsprozeß der Zellen selbst; die man-[200]nigfaltige Entwicklungsweise der Zellen zu den Elementarteilchen der Organismen.

[Im folgenden wird der Zellbildungsprozeß nach denselben Grundprinzipien dargestellt, wie sie M. J. Schleiden 1838 für die Pflanzenzellen entwickelt hatte (s. S. 46–78), aber für die tierischen Zellen modifiziert. Als Cytoblastem wird die „strukturlose Substanz" geschildert, „in der sich neue Zellen bilden sollen", entweder der Zellinhalt schon vorhandener Zellen oder die „Interzellularsubstanz" zwischen den Zellen, wobei die unterschiedlichen chemischen und physikalischen Eigenschaften des „Cytoblastems" bei Knorpel-, Blut- oder Schleimzellen beschrieben werden; physiologisch soll es den „Nahrungsstoff" für die Zellen und für die Zellneubildung enthalten, die nur dort stattfinde, wo „der frische Nahrungsstoff in das Gewebe" eindringe. Daraus ergäbe sich ein Unterschied zwischen gefäßhaltigen und gefäßlosen Geweben in bezug auf den Ort der Zellneubildung. Im Gegensatz zu Schleidens Beobachtungen an Pflanzen sei bei Tieren die Zellbildung innerhalb von Zellen der seltenere Fall und komme bei „den Faserzellen, den Muskeln und Nerven gar nicht vor"; vielmehr entstünden die meisten Zellen „in dem Cytoblastem

außer den vorhandenen Zellen" (S. 204). Der Bildungsprozeß wird ähnlich wie bei Schleiden beschrieben: in dem anfangs strukturlosen oder feinkörnigen „Cytoblastem" zeigen sich u. a. „Zellenkerne oder Anfänge der Zellenkerne, um die sich erst später Zellen bilden" (S. 204). Ausführlich werden dann Form, Größe, Farbe des „Zellenkerns" und der „Kernkörperchen" beschrieben (S. 205–208), sowie der Prozeß der von ihnen ausgehenden bzw. um ihn herum erfolgenden Zellbildung, des weiteren Wachstums „durch Aufnahme neuer Moleküle" und der schließlichen Resorption des Kernes (S. 208 bis 214). Der Bildung, dem Wachstum, den chemischen und physikalischen Eigenschaften und dem Verschwinden von Zellenmembranen sind die Seiten 214–219 gewidmet, wobei Beobachtungen über Verschmelzen und über „Teilung der Zellen" (S. 218) dargestellt werden, die über Schleidens Schilderungen hinausgehen.
Da die irrtümliche Interpretation der mikroskopischen Beobachtungen über den Zellbildungsprozeß bald berichtigt werden mußte, konnte auf die wörtliche Wiedergabe dieses Kapitels verzichtet werden, zumal die Grundgedanken in dem Kapitel „Theorie der Zellen" wiederholt werden. – d. Hrsg.]

[220] Theorie der Zellen

Die ganze bisherige Untersuchung hatte den Zweck, die Bildungsweise der Elementarteile der Organismen rein nach Beobachtungen darzustellen. Theoretische Ansichten wurden entweder ganz ausgeschlossen, oder wo sie, wie in dem letzten Resumé über das Zellenleben, entweder zur Deutlichmachung der Tatsachen oder zur Vermeidung späterer Wiederholungen nötig waren, so dargestellt, daß man leicht erkennt, was Beobachtung und was Räsonnement ist. Es drängt sich aber unabweisbar die Frage noch dem Grunde all dieser Erscheinungen auf, und ein Versuch, die Lösung dieser Fragen vorzubereiten, wird daher um so eher erlaubt sein, als durch die scharfe Trennung der Theorie von den Beobachtungen das Hypothetische von dem Sicheren deutlich unterschieden werden kann. Eine Hypothese ist nie nachteilig, so lange man sich des Grades ihrer Zuverlässigkeit und der Gründe bewußt bleibt, auf der sie beruht. Es ist selbst für die Wissenschaft vorteilhaft, ja notwendig, wenn ein gewisser Zyklus von Er-[221]scheinungen durch die Beobachtung nachgewiesen ist, eine vorläufige Erklärung hinzuzudenken, die möglichst genau auf diese Erscheinungen paßt, selbst auf die Gefahr hin, daß die Erklärung durch spätere Beobachtungen umgestoßen wird; denn nur dadurch wird man rationell zu neuen Entdeckungen geführt, welche die Erklärung entweder bestätigen oder zurückweisen. Von diesem Gesichtspunkte aus bitte ich den folgenden Versuch einer Theorie des Organismus zu betrachten; denn die Frage nach dem Grunde der Entwicklung der Elementarteile der Organismen fällt zuletzt mit der Theorie der Organismen zusammen.

Die verschiedenen Ansichten über die Grundkräfte des Organismus lassen sich auf zwei wesentlich voneinander verschiedene zurückführen. Die erste Ansicht ist die, daß jedem Organismus eine Kraft zugrunde liegt, welche den Organismus nach einer ihr vorschwebenden Idee formt, welche die Moleküle so zusammenfügt, wie sie zur Erreichung gewisser, durch diese Idee gesetzter Zwecke notwendig sind. Was also hier die Moleküle zusammenfügt, ist eine Kraft, welche sich einen bestimmten Zweck setzt. Eine solche Kraft würde wesentlich von allen Kräften der anorganischen Natur verschieden sein, weil in dieser nur ein blindes Wirken stattfindet. Auf eine gewisse Einwirkung erfolgt in der anorganischen Natur mit Notwendigkeit eine gewisse qualitativ und quantitativ bestimmte Veränderung ohne Rücksicht auf einen Zweck. Die Grundkraft des Organismus aber nach jener Ansicht, oder die Seele im Stahl'schen Sinne würde dadurch, daß sie nach einem bestimmten individuellen Zwecke wirkt, dem immateriellen mit Selbstbewußtsein begabten Prinzip, das wir im Menschen annehmen müssen, viel näher stehen.

Die andere Ansicht ist die, daß die Grundkräfte der Organismen dadurch wesentlich mit den Kräften der anorganischen Natur übereinstimmen, daß sie durchaus nach Gesetzen der Notwendigkeit ohne Rücksicht auf einen Zweck blind wirken, daß es Kräfte sind, die ebenso mit der Existenz der Materie gesetzt sind, wie die physikali-[222]schen Kräfte. Man könnte annehmen, daß die bildenden Kräfte der Organismen in der anorganischen Natur gar nicht vorkommen, weil diese oder jene bestimmte Kombination der Moleküle, wodurch die Kräfte, zur Äußerung kommen, in der anorganischen Natur sich nicht findet, und doch würden diese Kräfte von den physikalischen und chemischen Kräften sich wesentlich gar nicht unterscheiden. Die Zweckmäßigkeit, selbst ein hoher Grad individueller Zweckmäßigkeit jedes Organismus läßt sich gar nicht leugnen; allein nach dieser Ansicht liegt der Grund dieser Zweckmäßigkeit nicht darin, daß jeder Organismus durch eine individuelle, nach einem Zweck wirkende Kraft hervorgebracht wird, sondern er liegt darin, worin auch der Grund der Zweckmäßigkeit in der anorganischen Natur liegt, in der Schöpfung der Materie mit ihren blinden Kräften durch ein vernünftiges Wesen. Wir kennen z. B. die Kräfte, welche in unserem Planetensystem wirken. Es sind Kräfte, die nach blinden Gesetzen der Notwendigkeit wirken, wie alle physikalischen Kräfte, und dennoch ist das Planetensystem äußerst zweckmäßig. Der Grund dieser Zweckmäßigkeit liegt nicht in diesen Kräften, sondern in Dem, der die Materie mit ihren Kräften so geschaffen hat, daß sie ihren blinden Gesetzen folgend dennoch ein zweckmäßiges Ganzes hervorbringen. Man kann selbst eine individuelle Zweckmäßigkeit des Planetensystems behaupten. Eine äußere Einwirkung, etwa ein Komet, kann Veränderungen der Bewegung veranlassen, ohne daß deshalb das Ganze zusammenstürzt; auf den einzelnen Planeten können Störungen, etwa eine hohe Meeresflut usw. entstehen, die sich aber rein nach physikalischen Gesetzen wieder ausgleichen. Die Organismen sind in bezug auf ihre Zweckmäßigkeit nur gradweise hiervon verschieden, und nach dieser zweiten Ansicht über die organischen Grundkräfte ist man bei ihnen ebenso wenig gezwungen, auf eine nach den Gesetzen der Zweckmäßigkeit wirkende Grundkraft zu schließen, als dies überhaupt in der anorganischen Natur notwendig ist.

[223] Man kann die erste Ansicht über die Grundkräfte der Organismen die t e l e o l o g i s c h e, die zweite die p h y s i k a l i s c h e Ansicht nennen. Es ist für die Physiologie von der größten Bedeutung, welcher von beiden Ansichten man folgt, wie sich leicht aus einem Beispiel ergibt. Definiert man z. B. die Entzündung und Eiterung als das Bestreben des Organismus, einen etwa von außen eingedrungenen fremden Körper hinauszuschaffen, oder das Fieber als das Bestreben des Organismus, einen Krankheitsstoff zu eliminieren, beides als Folge der „Autokratie des Organismus“, so sind dies nach der teleologischen Ansicht Erklärungen. Denn da durch diese Prozesse der schädliche Stoff wirklich entfernt wird, so ist der Prozeß, wodurch

dies geschieht, ein zweckmäßiger, und da die Grundkraft des Organismus nach bestimmten Zwecken wirkt, so kann sie entweder unmittelbar diese Prozesse veranlassen, oder auch andere Kräfte der Materie zu Hilfe nehmen, doch so, daß sie immer das primum movens bleibt. Nach der physikalischen Ansicht dagegen ist dies ebenso wenig eine Erklärung, als wenn man sagte, die Bewegung der Erde um die Sonne ist das Bestreben der dem Planetensystem zugrunde liegenden Kraft, auf den Planeten einen Wechsel der Jahreszeiten hervorzubringen, oder wenn man sagte: Ebbe und Flut ist die Reaktion des Erdorganismus gegen den Mond.

In der Physik sind alle ähnlichen, aus einer teleologischen Ansicht der Natur hervorgehenden Erklärungen, z. B. der horror vacui u. dgl., längst verbannt. In der lebenden Natur dagegen tritt die Zweckmäßigkeit, und zwar die individuelle Zweckmäßigkeit, so stark hervor, daß es schwer wird, sich aller teleologischen Erklärungen zu entschlagen. Man muß indessen bedenken, daß solche Erklärungen, wodurch zugleich Alles und Nichts erklärt wird, nur die letzten Auskunftsmittel sein dürfen, wenn gar keine andere Ansicht möglich ist, und eine solche Notwendigkeit zur Annahme der teleologischen Ansicht liegt bei den Organismen nicht vor. Die Zweckmäßigkeit in den Organismen [224] ist nur gradweise verschieden von der, wie sie sich in der ganzen, auch in der anorganischen Natur zeigt, und die Erklärung, daß die Organismen, wie alle Erscheinungen in der anorganischen Natur, durch das Wirken blinder, mit der Materie gesetzter Kräfte entstehn, kann als unmöglich nicht zurückgewiesen werden. Die Vernunft fordert allerdings einen Grund dieser Zweckmäßigkeit; allein für sie ist die Annahme hinreichend, daß die Materie mit den ihr innewohnenden Kräften ihre Existenz einem vernünftigen Wesen verdankt. Einmal geschaffen und in ihrer Integrität erhalten, können diese Kräfte dann sehr wohl nach ihren unveränderlichen Gesetzen der blinden Notwendigkeit Kombinationen hervorbringen, sie selbst einen hohen Grad individueller Zweckmäßigkeit zeigen. Tritt aber die vernünftige Kraft nach der Schöpfung nur als erhaltend, nicht als unmittelbar tätig, auf, so kann auf naturwissenschaftlichem Gebiete vollkommen von ihr abstrahiert werden.

Die teleologische Ansicht führt aber außerdem auf Schwierigkeiten in der Erklärung, und zwar zunächst bei der Zeugung.

Nimmt man an, daß jedem Organismus eine Kraft zugrunde liegt, welche denselben nach einer ihr vorschwebenden Idee bildet, so kann allerdings bei der Zeugung auch ein Teil dieser Kraft in dem Ei enthalten sein; allein man muß dann diesem Teile der ursprünglichen Kraft bei der Trennung des Eies vom mütterlichen Körper die Fähigkeit zuschreiben, einen ähnlichen Organismus hervorbringen zu können wie die Kraft, von der sie nur ein Teil ist, d. h. man muß annehmen, daß diese Kraft ins Unendliche teilbar ist und daß dennoch jeder Teil dieselben Wirkungen hervorbringen kann wie die ganze Kraft. Ist dagegen die Kraft der Organismen ebenso wie die physikalischen Kräfte in der Materie als solcher enthalten und wird sie nur durch eine gewisse Kombination der Moleküle frei, wie etwa z. B. durch Kombination einer Zink- und Kupferplatte Elektrizität frei wird, so kann durch die Zusammenfügung der Moleküle zu einem Ei auch die Kraft frei werden, wodurch das Ei neue Moleküle anzu-[225]ziehen imstande ist, und diese neu zusammengefügten Moleküle erhalten eben durch diese Zusammenfügungsweise wieder dieselbe Kraft, neue Moleküle anzuziehen. Auch die erste Entstehung der mannigfaltigen Organismen, die durch die Geologie nachgewiesene allmähliche Ausbildung der organischen Natur hat nach der teleologischen Ansicht viel mehr Schwierigkeit als nach der physikalischen.

Ein anderer Einwurf gegen die teleologische Ansicht läßt sich aus der vorigen Untersuchung entnehmen. Die Moleküle werden, wie wir gesehen haben, nicht unmittelbar auf mannigfaltige Weise so zusammengefügt, wie es der Zweck des Organismus erfordert, sondern bei der Bildung der Elementarteile der Organismen liegen Gesetze zugrunde, die bei allen Elementarteilen wesentlich dieselben sind. Man sieht nun keinen Grund ein, weshalb es so sein muß, wenn jedem Organismus eine Kraft zugrunde liegt, welche die Teile des Organismus nach dem Zweck, den sie erfüllen sollen, bildet: man sollte viel wahrscheinlicher erwarten, daß das Bildungsprinzip, obgleich für physiologisch dieselben Gebilde ein bestimmtes, doch in verschiedenen Geweben ebenso verschieden wäre. Diese Gleichheit der Elementarteile führte bei Pflanzen schon auf die Vermutung, daß die Zellen eigentlich die Organismen seien und die ganze Pflanze ein nach bestimmten Gesetzen geordnetes Aggregat dieser Organismen. Da nun aber die Elementarteile der

Tiere sich ganz ebenso verhalten, so würde dadurch auch die Individualität eines ganzen Tieres verloren gehen, und doch stützt sich gerade auf das Individuelle eines ganzen Tieres die Annahme, daß ihm eine einzige, nach einer bestimmten Idee wirkende Kraft zugrunde liegt.

Indessen eine vollständige Widerlegung teleologischer Ansichten ist überhaupt nicht möglich, wenn man nicht alle Erscheinungen nach der physikalischen Ansicht wirklich erklärt. Eine Widerlegung ist aber auch nicht notwendig, weil die teleologische Erklärungsweise nur dann zulässig ist, wenn man die Unmöglichkeit der physikalischen [226] nachweisen kann. Jedenfalls ist es für den Zweck der Wissenschaft viel ersprießlicher, nach einer physikalischen Erklärung wenigstens zu streben. Ich wiederhole übrigens, daß, wenn hier von einer physikalischen Erklärung der organischen Erscheinungen die Rede ist, darunter nicht notwendig eine Erklärung durch die bekannten physikalischen Kräfte, z. B. durch den allgemeinen Lückenbüßer Elektrizität u. dgl., zu verstehen ist, sondern überhaupt eine Erklärung durch Kräfte, die nach strengen Gesetzen der blinden Notwendigkeit, wie die physikalischen Kräfte wirken, mögen diese Kräfte auch in der anorganischen Natur auftreten oder nicht.

Wir gehen also von der Voraussetzung aus: Einem Organismus liegt keine, nach einer bestimmten Idee wirkenden Kraft zugrunde, sondern er entsteht nach blinden Gesetzen der Notwendigkeit durch Kräfte, die ebenso durch die Existenz der Materie gesetzt sind wie die Kräfte in der anorganischen Natur. Da die Elementarstoffe in der organischen Natur von denen der anorganischen nicht verschieden sind, so kann der Grund der organischen Erscheinungen nur in einer andern Kombination der Stoffe liegen, sei es in einer eigentümlichen Verbindungsweise der Elementaratome zu Atomen zweiter Ordnung, sei es in der Zusammenfügung dieser zusammengesetzten Moleküle zu den einzelnen morphologischen Elementarteilchen der Organismen oder zu einem ganzen Organismus. Wir haben uns hier zunächst nur mit dieser letztern Frage zu beschäftigen, ob nämlich der Grund der organischen Erscheinungen in dem ganzen Organismus oder in seinen einzelnen Elementarteilen liegt. Wenn diese Frage sich beantworten läßt, bleibt immer noch die weitere Untersuchung übrig, ob der Organismus oder seine Elementarteile diese Kraft besitzen durch die eigentümliche Zusammenfügungsweise der zusammengesetzen Moleküle oder durch die eigentümliche Art, wie die Elementaratome zu den zusammengesetzten Molekülen verbunden sind.

Man kann sich also folgende zwei Vorstellungen von [227] der Ursache der organischen Erscheinungen, des Wachstums usw. machen: Erstens die Ursache liegt in der Totalität des Organismus. Durch die Zusammenfügung der Moleküle zu einem systematischen Ganzen, wie der Organismus auf jeder Entwicklungsstufe ist, wird eine Kraft erzeugt, vermöge welcher ein solcher Organismus imstande ist, neue Stoffe von außen aufzunehmen und zur Bildung neuer oder zum Wachstum seiner vorhandenen Elementarteile zu verwenden. Die Ursache des Wachstums der Elementarteile liegt also hier in der Totalität des Organismus. Die andere Erklärungsweise ist die: Das Wachstum geschieht nicht durch eine im ganzen Organismus begründete Kraft, sondern jeder einzelne Elementarteil besitzt eine selbständige Kraft, ein selbständiges Leben, wenn man es so nennen will, d. h., in jedem einzelnen Elementarteile sind die Moleküle so zusammengefügt, daß dadurch eine Kraft frei wird, wodurch er imstande ist, neue Moleküle anzuziehen und so zu wachsen, und der ganze Organismus besteht nur durch die Wechselwirkung der einzelnen Elementarteile (das Wort Wechselwirkung im weitesten Sinne genommen, so daß auch das darunter begriffen wäre, wenn der eine Elementarteil den Stoff bereitet, den der andere zu seiner Ernährung braucht). Hier sind also nur die einzelnen Elementarteile das Aktive bei der Ernährung, und die Totalität des Organismus kann zwar Bedingung sein, aber Ursache ist sie nach dieser Ansicht nicht.

Zur Entscheidung, welche von diesen beiden Ansichten die richtige ist, müssen wir die Resultate der vorigen Untersuchung zu Hilfe nehmen. Wir haben gesehn, daß alle Organismen aus wesentlich gleichen Teilen, nämlich aus Zellen, zusammengesetzt sind, daß diese Zellen nach wesentlich denselben Gesetzen sich bilden und wachsen, daß also diese Prozesse überall auch durch dieselben Kräfte hervorgebracht werden müssen. Finden wir nun, daß einzelne dieser Elementarteile, die sich von den übrigen nicht unterscheiden, sich vom Organismus los-[228]trennen und selbständig weiterwachsen können, so können wir daraus schließen, daß auch jeder der übrigen Elementarteile, jede Zelle für sich schon die Kraft besitzt, neue Moleküle anzuziehen und zu wachsen, daß also jeder Elementarteil eine eigentümliche Kraft, ein selbständiges Leben besitzt, vermöge dessen er selbständig sich zu entwickeln imstande wäre, wenn ihm bloß die äußern Bedingungen dargeboten würden, unter welchen er im Organismus steht. Solche selbständig, getrennt vom Organismus, wachsende Zellen sind z. B. die Eier der Tiere. Bei den Eiern höherer Tiere kann man zwar sagen, nach der Befruchtung sei das Ei wesentlich verschieden von den übrigen Zellen des Organismus; durch die Befruchtung werde dem Ei etwas zugeführt, was mehr als eine äußere Lebensbedingung, mehr als ein Nahrungsstoff für dasselbe sei, und vielleicht erhielten die Eier erst dadurch ihr eigentümliches Leben, so daß man daraus nicht auf die übrigen Zellen schließen könne. Allein bei den Gattungen, welche bloß weibliche Individuen zählen, fällt dies weg und ebenso bei den Sporen niederer Pflanzen. Außerdem kann sich bei niederen Pflanzen jede beliebige Zelle von der Pflanze lostrennen und dann selbständig weiterwachsen. Hier bestehn also ganze Pflanzen aus Zellen, deren selbständiges Leben sich unmittelbar nachweisen läßt. Da nun alle Zellen nach denselben Gesetzen wachsen, also nicht in einem Falle der Grund des Wachstums in der Zelle selbst, im andern Falle im ganzen Organismus liegen kann, da sich ferner nachweisen läßt, daß einzelne von den übrigen in der Art des Wachstums nicht verschiedene Zellen selbständig sich entwickeln, so müssen wir überhaupt den Zellen ein selbständiges Leben zuschreiben, d. h., die Kombination der Moleküle, wie sie in einer einzelnen Zelle vorhanden sind, reichen hin, die Kraft frei zu machen, durch welche die Zelle imstande ist, neue Moleküle anzuziehen. Der Grund der Ernährung und des Wachstums liegt nicht in dem Organismus als Ganzem, sondern in den einzelnen Elemen-[229]tarteilen, den Zellen. Daß nicht wirklich jede einzelne Zelle, wenn sie von einem Organismus getrennt wird, weiterwächst, ist gegen diese Theorie so wenig ein Einwurf, als es ein Einwurf gegen das selbständige Leben einer Biene ist, wenn sie getrennt von ihrem Schwarm auf die Dauer nicht fortbestehen kann. Die Äußerung der der Zelle innewohnenden Kraft hängt von Bedingungen ab, die ihr nur im Zusammenhang mit dem Ganzen geliefert werden.

Die Frage über die Grundkraft der Organismen reduziert sich

also auf die Frage über die Grundkraft der einzelnen Zellen. Wir müssen nun die allgemeinen Erscheinungen der Zellenbildung betrachten, um zu finden, welche Kräfte man zur Erklärung derselben in den Zellen voraussetzen muß. Diese Erscheinungen lassen sich unter zwei natürliche Gruppen bringen: Erstens Erscheinungen, die sich auf die Zusammenfügung der Moleküle zu einer Zelle beziehn; man kann sie die plastischen Erscheinungen der Zellen nennen; zweitens Erscheinungen, die sich auf chemische Veränderungen sowohl der Bestandteile der Zelle selbst als des umgebenden Cytoblastems beziehn; diese kann man metabolische Erscheinungen nennen (*τὸ μεταβολιχὸν* was Umwandlung hervorzubringen oder zu erleiden geneigt ist).

Die allgemeinen plastischen Erscheinungen der Zellen bestehn, wie wir gesehn haben, in Folgendem: Es bildet sich zuerst ein kleines Körperchen (Kernkörperchen); um dieses schlägt sich außen eine Schicht Substanz nieder (Kern), welche sich durch Ablagerung immer neuer Moleküle zwischen die schon vorhandenen verdichtet und ausdehnt. Die Ablagerung geschieht stärker im äußern Teil dieser Schicht als im innern. Oft verdichtet sich entweder bloß dieser äußere Teil oder die ganze Schicht zu einer Membran, die in der Art neue Moleküle aufzunehmen fortfahren kann, daß die Ausdehnung derselben ihrer Fläche nach stärker als der Dicke nach geschieht, wodurch ein hohler Zwischenraum zwischen ihr und dem Kernkörperchen entstehen muß. Um diese Schicht schlägt [230] sich eine zweite Schicht (Zelle) nieder, in der sich ganz dieselben Prozesse wiederholen, nur mit dem Unterschiede, daß diese Prozesse, namentlich das Wachstum dieser Schicht und die Bildung des Zwischenraumes zwischen ihr und der vorigen Schicht (Zellenhöhle), hier schneller und vollkommener vor sich geht. Dies waren die Erscheinungen bei der Bildung der meisten Zellen; bei einigen Zellen schien aber nur eine einfache Schichtenbildung, bei anderen dagegen (wo nämlich das Kernkörperchen noch hohl ist) eine dreifache Schichtenbildung statt zu haben. Die übrigen Verschiedenheiten in der Entstehung der Elementarteile reduzierten sich, wie wir sahen, darauf, daß, wenn die Anfänge zweier benachbarter Zellen so nahe zusammenliegen, daß die Grenzen der um jede von beiden sich bildenden Schichten an einer Stelle zusammenfallen, eine gemeinsame Schicht entstehen kann, welche die Anfänge zweier

Zellen einschließt. So schien sich wenigstens die Entstehung der Kerne mit zwei oder mehreren Kernkörperchen durch ein solches Zusammenfallen der ersten (dem Kern entsprechenden) Schichten, die Verschmelzung mehrerer primärer Zellen zu einer sekundären durch ein solches Zusammenfallen der zweiten (der Zelle entsprechenden) Schichten erklären zu lassen. Die weitere Entwicklung dieser gemeinsamen Schichten geschieht aber so, als ob es nur eine gewöhnliche einfache Schicht wäre. Endlich kamen noch Verschiedenheiten in der Weiterentwicklung der Zellen vor, welche sich auf eine ungleichmäßige Ablagerung der neuen Moleküle zwischen die schon vorhandenen der einzelnen Schichten zurückführen ließen. Auf diese Weise wurden nämlich die Formveränderungen und die Teilung der Zellen erklärt. Zu den plastischen Erscheinungen an den Zellen gehört endlich noch die Bildung sekundärer Ablagerungen, indem sich nämlich auf der innern Fläche einer einfachen oder einer sekundären Zelle eine einfache Schicht oder eine Menge neuer Schichten immer eine auf der innern Fläche der vorhergehenden ablagert.

Dies sind die wichtigsten Erscheinungen, welche bei [231] der Bildung und Entwicklung der Zellen vorkommen. Die zur Erklärung dieser Erscheinungen in den Zellen vorauszusetzende unbekannte Ursache kann man die plastische Kraft der Zellen nennen. Wir wollen nun sehen, welche nähere Bestimmungen dieser Kraft sich aus den angeführten Erscheinungen deduzieren lassen.

Es ist erstens eine Anziehungskraft, welche im ersten Anfange der Zelle, im Kernkörperchen, schon wirkt und den Ansatz neuer Moleküle an die vorhandenen veranlaßt. Die erste Bildung des Kernkörperchens kann man sich als eine Art Herauskristallisieren aus einer konzentrierten Flüssigkeit denken. Ist nämlich eine Flüssigkeit so konzentriert, daß die Moleküle der aufgelösten Substanz stärker einander anziehn als die Moleküle der letztern und des Lösungsmittels, so muß sich ein Teil der festen Substanz niederschlagen. Man begreift leicht, daß die Flüssigkeit konzentrierter sein muß, wenn sich neue Zellen darin bilden, als wenn die vorhandenen bloß wachsen sollen. Denn ist schon etwas von der Zelle gebildet, so übt dies eine Anziehung auf die noch aufgelöste Substanz aus. Es ist also hier eine Ursache zum Absatz dieser Substanz da, welche nicht mitwirkt, wenn noch nichts von der Zelle gebildet ist. Je größer daher diese Anziehung der Zelle ist, um so geringer braucht die Konzentration der Flüssigkeit zu sein, während zum Anfange der Bildung einer Zelle die Flüssigkeit mehr als konzentriert sein muß. Dieser aus der Anziehungskraft der Zelle unmittelbar zu ziehende Schluß läßt sich aber auch durch die Beobachtung rechtfertigen. Überall, wo die ernährende Flüssigkeit nicht gleichmäßig in einem Gewebe verteilt ist, entstehen die neuen Zellen da, wo die Flüssigkeit zunächst in das Gewebe dringt, wo sie also am konzentriertesten ist. Hierauf beruhte, wie wir sahen, der Unterschied zwischen dem Wachstum der organisierten und der nicht organisierten Gewebe (s. oben pag. 201), Die Bestätigung des obigen Schlusses durch die Erfahrung spricht also auch für die Richtigkeit der Schlußfolge selbst.

[232] Die Anziehungskraft in den Zellen wirkt so, daß sie den Ansatz der neuen Moleküle in doppelter Weise bewirkt, erstens in Schichten, zweitens in den einzelnen Schichten so, daß die neuen Moleküle zwischen die schon vorhandenen abgelagert werden. Es ist dies nur ein Ausspruch des Faktums; das einfachere Gesetz, weshalb sich mehrere Schichten bilden und die neuen Moleküle sich nicht alle zwischen die vorhandenen ablagern, läßt sich noch nicht nachweisen. Die Schichtenbildung kann sich ein-, zwei- oder dreimal wiederholen. Beim Wachstum der einzelnen Schichten findet das Gesetz statt, daß der Absatz der neuen Moleküle da am stärksten geschieht, wo die Nahrungsflüssigkeit am konzentriertesten vorhanden ist. Daher kondensiert sich, sowohl von der dem Kern als von der der Zelle entsprechenden Schicht vorzugsweise der äußere Teil zu einer Membran, weil die ernährende Flüssigkeit von außen eindringt, sie also im äußeren Teil jeder Schicht konzentrierter ist als im innern Teil derselben Schicht. Aus demselben Grunde wächst der Kern, so lange die Zellenschicht sich noch nicht um ihn gebildet hat, schnell, hört aber ganz auf zu wachsen oder wächst wenigstens viel langsamer, sobald sich die Zellenschicht niedergeschlagen hat; denn dann ist die Zellenschicht diejenige, welche zuerst den Nahrungsstoff, welche ihn also in konzentrierterer Form empfängt. Daher bildet sich überhaupt die Zelle viel vollständiger aus, während die Kernschicht gewöhnlich auf einer Entwicklungsstufe stehn bleibt wie die Zellenschicht in ihrer frühern Periode. Was die Art des Ansatzes der neuen Moleküle anbelangt, so geschieht er in

der Art, daß ein stärkeres Wachstum der Schichten nach der Fläche als nach der Dicke stattfindet; so daß ein Zwischenraum zwischen jeder Schicht und der vorhergehenden entsteht, wodurch erst Zellen und Kern zu wirklichen hohlen Bläschen werden. Dies setzt also voraus, daß die Anlage der neuen Moleküle zwischen die nach der Fläche der Membran nebeneinanderliegenden stärker ist als zwischen die nach der [233] Dicke der Membran übereinanderliegenden. Wäre es umgekehrt, so würde jede Schicht zwar in der Dicke wachsen, aber keine hohlen Zwischenräume zwischen ihr und der vorigen, also keine Bläschen, sondern ein solider, aus Schichten zusammengesetzter Körper entstehn.

Die Anziehungskraft der Zellen wirkt in allen festen Teilen der Zelle. Dies geht nicht nur daraus hervor, daß sich die neuen Moleküle überall zwischen die vorhandenen absetzen können, sondern auch aus der Bildung der sekundären Ablagerungen. Ist einmal eine Zellenhöhle gebildet, so kann auch aus dem Inhalt derselbe Stoff so angezogen werden, daß er sich in Schichten ablagert, und zwar geschieht dies auf der innern Fläche der Zellenmembran, die also wahrscheinlich das Anziehende ist. Diese Schichtenbildung auf der innern Fläche der Zellenmembran ist vielleicht nur eine Wiederholung desselben Prozesses, durch welche sich früher Kern und Zelle als Schichten um das Kernkörperchen niederschlugen. Doch muß bemerkt werden, daß sich die Identität dieser beiden Prozesse noch nicht so nachweisen läßt wie die Identität der Prozesse der Kern- und Zellenbildung, daß vielmehr insofern ein Unterschied in den Erscheinungen stattfindet, indem die sekundären Ablagerungen bei Pflanzen in Spiralen geschehn, während bei der Bildung der Zellenmembran und des Kerns dies wenigstens noch nicht erwiesen ist, obgleich nach einigen Phytotomen auch die Zellenmembran selbst aus Spiralen bestehn soll.

Die Anziehungskraft in den Zellen kann gleichmäßig in der ganzen Zelle vorkommen, sie kann sich aber auch auf einzelne Stellen beschränken, so daß der Absatz der neuen Moleküle an einzelnen Stellen stärker erfolgt, daher ein stärkeres Wachstum einzelner Stellen der Zellenmembran, also eine Formveränderung der Zelle, hervorgebracht wird.

Die Anziehungskraft der Zellen wirkt mit einer gewissen Auswahl. Nicht alle Substanzen, die in dem umgebenden Cytoblastem enthalten sind, werden angezogen, [234] sondern nur gewisse und zwar teils solche, die analog mit der vorhandenen Substanz der Zelle sind (Assimilation), teils solche, die chemisch davon verschieden sind. Durch Assimilation wachsen die einzelnen Schichten, dagegen wird bei der Bildung einer neuen Schicht Substanz angezogen, die von der Substanz der vorigen Schicht verschieden ist; denn Kernkörperchen, Kern und Zellenmembran bestehen aus chemisch verschiedenen Substanzen.

Dies sind die Eigentümlichkeiten der plastischen Kraft der Zellen, soweit sie sich bis jetzt aus den Beobachtungen herleiten lassen. Die Äußerungen dieser Kraft setzen aber in den Zellen noch eine andere Fähigkeit voraus. Das Cytoblastem, in dem sich Zellen bilden, enthält zwar die Elemente der Stoffe, aus denen die Zelle zusammengesetzt wird, aber in anderen Kombinationen; es ist keine bloße Auflösung der Zellensubstanz, sondern enthält nur bestimmte organische Substanz aufgelöst. Die Zellen ziehen daher nicht bloß Stoff aus dem Cytoblastem an, sondern sie müssen die Fähigkeit haben, die Bestandteile des Cytoblastems chemisch umzuwandeln. Außerdem können alle Teile der Zelle selbst während ihres Vegetationsprozesses chemisch verändert werden. Die unbekannte Ursache all dieser Erscheinungen, die wir unter dem Namen metabolische Erscheinungen der Zellen zusammenfassen, wollen wir die metabolische Kraft nennen.

Zunächst läßt sich über diese Kraft nachweisen, daß sie ein Attribut der Zellen selbst ist und daß das Cytoblastem dabei passiv ist. Als Beispiel kann man hier die Weingärung[2]) an-

---

[2]) Ich habe es nicht vermeiden mögen, die Gärung als Beispiel anzuführen, da sie die am genauesten bekannte Wirkung der Zellen ist und am einfachsten den Prozeß darstellt, wie er sich im lebenden Körper an jeder Zelle wiederholt. Für diejenigen, übrigens, welche die von Cagniard-Latour und von mir aufgestellte Theorie der Gärung noch nicht anerkennen, kann die Entwicklung aller einfachen Zellen, namentlich der Sporen, als Beispiel dienen, und es soll im Text aus der Gärung kein Schluß gezogen werden, der sich nicht auch [235] aus der Entwicklung anderer einfacher und außer Zusammenhang mit einem andern Organismus sich entwickelnder Zellen, namentlich der Sporen niederer Pflanzen ziehen läßt. [Es folgen lange Ausführungen über den durch Pilze verursachten Gärungsprozeß mit Beschreibung von Experimenten zum Nachweis der Pilznatur des sogenannten „Ferments“ als Ursache der Gärung. Die Anm. endet mit dem Satz:] [236] . . . Übrigens dürfte die vorliegende Untersuchung über den Bildungsprozeß der Or-

führen. Ein Dekokt von Malz bleibt [235] für sich lange Zeit unverändert. Sobald man aber etwas Hefe hinzusetzt, welche teils aus ganzen Pilzen, teils [236] aus einer Menge einzelner Zellen besteht, so tritt gleich die chemische Umwandlung ein. Das Malzdekokt ist hier das Cytoblastem; das Aktive bei dieser Umwandlung sind offenbar die Zellen, und das Cytoblastem ist ganz passiv und hier sogar eine gekochte Flüssigkeit. Dasselbe findet statt, wenn man überhaupt einfache Zellen, z. B. Sporen niederer Pflanzen, in gekochte Substanzen säet.

An den Zellen selbst scheinen aber wieder die festen Teile, Zellenmembran und Zellenkern, dasjenige zu sein, was die Umwandlung hervorbringt. Der Zelleninhalt erleidet ähnliche und noch mannigfaltigere Veränderungen als das äußere Cytoblastem, und daß diese Veränderungen von den festen Bestandteilen der Zellen, namentlich der Zellenmembran, ausgehn, wird daraus wenigstens wahrscheinlich, weil sich die sekundären Ablagerungen auf der innern Fläche der Zellenmembran und andre Niederschläge gewöhnlich zuerst um den Zellenkern bilden. Man kann also überhaupt sagen: die festen Bestandteile der Zellen haben die Fähigkeit, die mit ihnen in Berührung befindlichen Substanzen chemisch zu verändern.

Die Substanzen, welche durch die Umwandlung des Zelleninhalts entstehn, sind andere wie die, welche durch die Umwandlung des äußern Cytoblastem entstehn. Woher rührt dieser Unterschied, wenn die Zellenmembran bloß umwandelnd auf ihre Umgebung wirkt? Sollte man nicht vielmehr erwarten, daß die umgewandelten Substanzen ohne Unterschied auf der innern wie auf der äußern Fläche der Zellenmembran auftreten? Man könnte sagen: die Zellenmembran verändert zwar ohne Unterschied die mit ihr in Berührung befindliche Substanz, und daß die Produkte dieser Veränderung verschieden sind, rührt bloß [237] daher, weil die zu verändernde Substanz des Zelleninhaltes eine andere ist wie das äußere Cytoblastem. Allein dann entsteht die Frage, wie es kommt, daß der Zelleninhalt von dem äußern Cytoblastem verschieden ist. Entsteht der Zelleninhalt so, daß die Zellenmembran, die anfangs den Kern dicht umschließt, sich durch Wachstum ausdehnt, daher

---

ganismen vielleicht einiges dazu beitragen, auch der fraglichen Theorie der Gärung bei den Chemikern mehr Eingang zu verschaffen.

ein Zwischenraum zwischen ihr und der Zelle entstehn muß, der durch bloße Imbibition mit Flüssigkeit gefüllt wird, so kann dieser Zelleninhalt nicht wesentlich verschieden sein von dem äußern Cytoblastem. Ich glaube daher, daß man zur Erklärung der Verschiedenheit des Zelleninhaltes von dem äußern Cytoblastem der Zellenmembran nicht nur im allgemeinen die Fähigkeit zuschreiben muß, die Substanzen, womit sie in Berührung oder womit sie imbibiert ist, chemisch zu verändern, sondern sie auch so zu trennen, daß bestimmte Substanzen auf der innern, andere auf der äußern Fläche der Zellenmembran auftreten. Bei der Erklärung der Sekretion schon im Blute vorhandener Stoffe, z. B. des Harnstoffs, durch die Zellen, womit die Harnkanälchen ausgekleidet sind, kommt man ohnehin ohne eine solche Fähigkeit der Zellen nicht aus. Es liegt aber darin auch nichts so sehr Gewagtes, da ja das getrennte Auftreten verschiedener Substanzen bei den Zersetzungen durch die galvanische Säule Faktum ist. Vielleicht darf man aus dieser Eigentümlichkeit der metabolischen Erscheinungen an den Zellen die Vermutung entnehmen, daß eine bestimmte Lage der Achsen der die Zellenmembran zusammensetzenden Atome eine wesentliche Rolle bei Hervorbringung dieser Erscheinungen spielt.

Allein nicht nur das Cytoblastem und der Zelleninhalt, sondern auch die festen Bestandteile der Zellen, namentlich die Zellenmembran, erleiden chemische Veränderungen. Ohne einen nähern Zusammenhang der metabolischen Kraft der Zellen mit dem Galvanismus behaupten zu wollen, darf ich doch, bloß um sich eine bestimmtere Vorstellung des Prozesses machen zu können, daran erinnern, daß die durch eine galvanische Säule hervorgebrachten chemischen [238] Veränderungen von entsprechenden Veränderungen in der Säule selbst begleitet sind.

Je dunkler die Ursache der metabolischen Erscheinungen in den Zellen ist, um so genauer müssen wir die Umstände und Erscheinungen beachten, unter denen sie vor sich gehen. Bedingung derselben ist eine gewisse Temperatur, welche ein Maximum und ein Minimum hat. Unter 0° und über 80 °R. [= 0° – 100 °C] gehen diese Erscheinungen nicht vor sich; Siedhitze hebt sogar diese Fähigkeit der Zellen für immer auf; am günstigsten ist eine Temperatur zwischen 10–32 ° R. [= 8°–25 °C]. Durch den Prozeß selbst wird Wärme entwickelt.

Gasförmiger oder locker gebundener Sauerstoff oder Kohlensäure sind wesentlich notwendig zu den metabolischen Erscheinungen der Zellen. Der Sauerstoff verschwindet dabei und Kohlensäure wird entwickelt, oder auch umgekehrt, Kohlensäure verschwindet und Sauerstoff wird entwickelt. Die Allgemeinheit der Respiration gründet sich grade auf diese Grundbedingung der metabolischen Erscheinungen der Zellen. Sie ist um so wichtiger, da, wie wir später sehen werden, sogar die Hauptformunterschiede der Organismen durch diese Eigentümlichkeit des metabolischen Prozesses der Zellen bedingt sind.

Nicht jede Zelle ist imstande, jede aufgelöste organische Substanz chemisch umzuwandeln, sondern nur bestimmte. Fermentpilze z. B., in andere Auflösungen als Zucker gebracht, lassen dieselben unverändert, und überhaupt entwickeln sich die Sporen bestimmter Pflanzen nicht in allen Stoffen. Ebenso ist es wahrscheinlich, daß im tierischen Körper jede Zelle nur bestimmte Bestandteile des Blutes umwandelt.

Nicht nur starke chemische Einwirkungen, welche die organische Substanz überhaupt zerstören, sondern auch chemisch weniger differente Stoffe, z. B. konzentrierte Auflösung von Neutralsalzen, heben die metabolische Kraft der Zellen auf. Andere Stoffe, z. B. Arsenik, tun dies schon in geringerer Quantität. Durch andere, sowohl or-[239]ganische als anorganische Substanzen können die metabolischen Erscheinungen qualitativ verändert werden, und selbst mechanische Einwirkungen auf die Zellen können eine solche Veränderung hervorbringen.

Dies sind die wesentlichen Eigenschaften der Grundkräfte der Zellen, soviel sie sich bis jetzt aus den Erscheinungen abstrahieren lassen. Um nun scharf aufzufassen, worin die Eigentümlichkeit des Zellenbildungsprozesses, also des Grundphänomens der Bildung der Organismen, liegt, wollen wir diesen Prozeß mit einem möglichst ähnlichen Phänomen der anorganischen Natur vergleichen. Abstrahieren wir von allem, was der Zellenbildung speziell eigentümlich ist, um den nächst höhern Begriff zu finden, unter den sie mit einem in der anorganischen Natur vorkommenden Prozeß subsummiert werden kann, so kann man die Zellenbildung von dem Gesichtspunkte betrachten, daß dabei auf Kosten einer in einer Flüssigkeit aufgelösten Substanz in dieser Flüssigkeit ein fester Körper von bestimmter regelmäßiger Form sich bildet. Unter diesen höhern Begriff fällt in der anorganischen Natur auch der Prozeß der Kristallbildung, und dieser ist daher das nächste Analogon der Zellenbildung.

Vergleichen wir nun beide Prozesse, um die Verschiedenheit des organischen Prozesses lebhaft hervorzuheben. Was zunächst die plastischen Erscheinungen betrifft, so ist die Form der Zellen und Kristalle eine sehr verschiedene. Die Grundformen der Kristalle sind gewisse einfache, immer eckige, von ebenen Flächen begrenzte, regelmäßige oder wenigstens symmetrische Formen, und auch die sehr mannigfaltigen sekundären Kristallformen sind fast ohne Ausnahme durch ebene Flächen gegrenzt. So mannigfaltig die Form der Zellen ist, so haben sie doch mit Kristallen am wenigsten Ähnlichkeit; die runden Flächen walten vor, und wo Ecken vorkommen, sind sie nie ganz scharf, und die kristallähnlichen polyedrischen Formen mancher Zellen entstehen nur aus mechanischen Ursachen. Auch die Struktur der Zellen und Kristalle ist verschieden. Die Kristalle [240] sind solide, aus lauter übereinander gelagerten Schichten zusammengesetzte Körper: die Zellen sind einfach oder mehrfach ineinandergeschachtelte hohle Bläschen. Betrachtet man auch die Membranen dieser Bläschen als Schichten, so bleibt doch noch immer ein Unterschied von Kristallen, daß diese Schichten einander nicht berühren, sondern Flüssigkeit zwischen sich enthalten, was bei den Kristallen nicht der Fall ist, daß dieser Schichten nur wenige, nur 1 bis 3 sind, und daß die Schichten der Zellen chemisch voneinander verschieden sind, während die Schichten der Kristalle aus derselben chemischen Substanz bestehn. Endlich ist auch ein großer Unterschied in der Art des Wachstums der Kristalle und Zellen. Die Kristalle wachsen durch Apposition, die neuen Moleküle setzen sich nur auf die Oberfläche der abgelagerten ab; die Zellen wachsen auch durch Intussuszeption, d. h., die neuen Moleküle setzen sich auch zwischen die schon abgelagerten ab.

Sind diese plastischen Erscheinungen der Zellen und Kristalle schon sehr verschieden, so sind es noch mehr die metabolischen, oder solche sind vielmehr den Zellen ganz eigentümlich. Wenn ein Kristall wachsen soll, so muß er als solcher vorher in der Auflösung vorhanden sein, und es muß eine äußere Ursache hinzukommen, welche seine Auflöslichkeit vermindert. Die Zellen dagegen sind imstande, in der umgebenden Flüssigkeit eine chemische Veränderung hervorzubringen, Stoffe zu erzeugen, die vorher als solche nicht da waren, sondern von denen nur die Elemente in einer andern Kombination da waren. Eine äußere Ursache zur Veränderung der Auflöslichkeit ist daher bei den Zellen nicht notwendig; denn wenn die Zelle chemische Veränderungen in der umgebenden Flüssigkeit hervorbringen kann, so kann sie auch solche Stoffe hervorbringen, die schon unter den vorhandenen Umständen sich nicht aufgelöst erhalten können, und deshalb fällt die Notwendigkeit einer äußern Ursache des Wachstums weg. Legt man einen Kristall in eine nicht konzentrierte Auflösung sogar desselben Stoffes, so erfolgt [241] ohne unser Zutun nichts, oder der Kristall löst sich gar auf; die Flüssigkeit muß abgedampft werden, wenn der Kristall wachsen soll. Legt man eine Zelle in eine nicht konzentrierte Auflösung selbst einer von ihr verschiedenen Substanz, so wächst sie und verändert diese Substanz ohne unser Zutun. Gerade dadurch erhält der an den Zellen vor sich gehende Prozeß, solange man ihn nicht in seine einzelnen Akte zerlegt, das Magische, was dem Begriff Leben anklebt.

Man sieht heraus, wie sehr verschieden die Erscheinungen der Zellenbildung und der Kristallbildung sind. Indessen darf man doch auch die Momente nicht übersehen, worin beide Prozesse ähnlich sind. Sie stimmen in dem Hauptpunkte überein, daß sich auf Kosten einer in einer Flüssigkeit aufgelösten Substanz nach bestimmten Gesetzen feste Körper von einer bestimmten regelmäßigen Form bilden, und zwar ist auch bei den Kristallen, wie bei den Zellen, der Kristall insofern tätig und positiv wirksam, als er veranlaßt, daß die sich niederschlagenden Substanzen an ihn und nicht irgendwo anders ansetzen. Eine Kraft, wodurch die Kristalle die in der umgebenden Flüssigkeit aufgelöste Substanz anzuziehn imstande sind, muß man also bei ihnen ebenso annehmen wie bei den Zellen. Daraus folgt freilich nicht, daß diese beiden anziehenden Kräfte, die Kristallisationskraft, um sie kurz zu bezeichnen, und die plastische Kraft der Zellen wesentlich dasselbe sind. Dies würde nur dann anzunehmen sein, wenn sich nachweisen ließe, daß beide Kräfte nach denselben Gesetzen wirken. Dies scheint aber auf den ersten Blick keineswegs der Fall zu sein: die Erscheinungen der Kristall- und Zellenbildung sind, wie wir gesehen haben, sehr verschieden, selbst wenn wir die metabolische Kraft der Zellen, die möglicherweise irgendeiner andern Eigentümlichkeit der organischen Substanz ihren Ursprung verdankt, einstweilen ganz aus dem Spiele lassen und bloß die plastischen Erscheinungen betrachten.

Indessen wäre es möglich, daß diese Unterschiede nur [242] sekundär sind, daß Kristallisationskraft und plastische Kraft der Zellen identisch sind, daß aber eine ursprüngliche Verschiedenheit der Substanz der Zellen von der Substanz der Kristalle sich nachweisen ließe, durch die man einsehen könnte, daß die Substanz der Zellen nach den Gesetzen der Kristallbildung, statt in der Form der gewöhnlichen Kristalle, als Zelle kristallisieren müsse. Es lohnt wenigstens der Mühe, einen solchen Versuch zu machen.

Suchen wir einen solchen Unterschied der Substanz der Zellen von der Substanz der Kristalle, so kann man zunächst sagen, daß er nicht in etwas liegen kann, was die Substanz der Zellen mit den in der gewöhnlichen Form kristallisierenden organischen Substanzen gemein hat. Demnach kann z. B. die kompliziertere Zusammensetzung der Atome zweiter Ordnung in den organischen Körpern nicht die Ursache dieser Verschiedenheit sein; denn wir sehen z. B. am Zucker, daß durch diese chemische Zusammensetzung die Kristallisationsweise nicht geändert wird.

Ein anderer Unterschied, wodurch sich wenigstens ein Teil der organischen Körper von den anorganischen unterscheidet, ist die Imbibitionsfähigkeit. Die meisten organischen Körper besitzen die Fähigkeit, mit Wasser durchdrungen zu werden, und zwar in der Art, daß dies nicht etwa in die Zwischenräume zwischen die Elementargebilde des Körpers, sondern in die einfachen strukturlosen Gebilde, z. B. in die Zellenmembran usw., eindringt, und zwar so, daß sie eine gleichartige Mischung bilden und keine Teilchen des organischen Stoffes und keine mit Wasser gefüllte Zwischenräume zu sehen sind. Das Wasser findet sich in den imbibierten organischen Stoffen, wie es in einer Auflösung vorhanden ist, und so verschieden eine Auflösung von den Erscheinungen der Kapillarität ist, so verschieden ist auch die Imbibitionsfähigkeit von der Kapillarität. Wenn Wasser durch eine Schicht gelatinierten Leims durchdringt, so ist an Poren im gröbern Sinne gar nicht zu denken, und ebenso verhalten sich alle imbi-[243]bitionsfähigen Stoffe. Sie besitzen dadurch eine Doppelnatur; sie haben eine bestimmte Form wie die festen Körper, auf der andern Seite sind sie aber auch für alles Aufgelöste durchdringlich wie die Flüssigkeiten. So wie eine spezifisch leichtere Flüssigkeit, die sorgfältig über eine spezifisch schwerere gegossen wird, so daß beide sich nicht mischen, allmählich doch die letztere durchdringt, so verhält sich auch jede Auflösung, wenn sie mit einer schon mit Wasser imbibierten Membran in Berührung kommt, in dieser Membran gerade so, als ob die Membran eine Auflösung wäre. Da die Kristallisation der Übergang aus dem flüssigen in den festen Zustand ist, so kann man wohl die Möglichkeit, ja die Wahrscheinlichkeit einsehen, daß, wenn solche eines Mittelzustandes zwischen Fest und Flüssig fähige Körper zum Kristallisieren gebracht werden könnten, sich eine bedeutende Verschiedenheit von der gewöhnlichen Kristallisationsweise herausstellen würde. In der Tat findet sich nichts, was man Kristall nennt, aus imbibitionsfähiger Substanz zusammengesetzt, und selbst von den organischen Körpern kristallisieren nur diejenigen, welche nicht imbibitionsfähig sind, z. B. Fett, Zucker, Weinsteinsäure usw. Die imbibitionsfähigen Körper kristallisieren daher entweder gar nicht oder unter einer Form, die von den Kristallen so verschieden ist, daß man sie als Kristalle nicht erkennt.

Untersuchen wir, was wohl entstehen müßte, wenn ein imbibitionsfähiger Stoff nach den gewöhnlichen Gesetzen kristallisierte, welche Unterschiede von den gewöhnlichen Kristallen sich wahrscheinlich zeigen würden, wenn wir bloß annehmen, daß die Auflösung auch die schon gebildeten Teile des Kristalls noch durchdringt, und daher zwischen die schon gebildeten Teile noch neue Moleküle sich ablagern können. Die gewöhnlichen Kristalle wachsen zwar nur durch Apposition; allein in der Art dieser Apposition findet noch ein wichtiger Unterschied statt. Setzten sich die Moleküle alle gleichmäßig aneinander, so könnten wir zwar einen Körper von bestimmter äußerer Form [244] erhalten wie ein Kristall, aber er würde die Struktur eines Kristalls nicht haben; er würde nicht aus Schichten bestehen. Die Existenz dieser Schichtung in den Kristallen setzt eine doppelte Art der Apposition der Moleküle in den Kristallen voraus: in jeder Schicht nämlich verschmelzen die neu sich ansetzenden Moleküle mit den schon vorhandenen dieser Schicht zu einem Kontinuum; diejenigen Moleküle aber, welche die einander berührenden Flächen zweier Schichten bilden, verschmelzen nicht miteinander. Es ist dies eine auffallende Eigentümlichkeit der Kristallbildung, deren Grund wir nicht kennen. Es läßt sich für jetzt nicht einsehen, weshalb die neuen Moleküle, die sich auf die Oberfläche eines bis auf einen gewissen Punkt gebildeten Kristalls absetzen, nicht mit den schon abgelagerten Molekülen zu einem Kontinuum verschmelzen, wie es doch die Moleküle in jeder einzelnen Schicht tun, sondern eine neue Schicht bilden, und weshalb diese neue Schicht nicht an Dicke immer weiter wächst, sondern stattdessen sich eine zweite Schicht um den Kristall bildet usw. Wir können einstweilen nichts weiter tun, als das Faktum in Form eines Gesetzes aussprechen, daß nämlich die miteinander verschmelzenden Moleküle sich mehr der Fläche nach nebeneinander, als der Dicke nach übereinander ablagern, so daß, da die Ausdehnung der Schicht durch die Größe des Kristalls gegeben ist, die Schicht auch nur eine bestimmte Dicke erreichen kann, über welche hinaus die neu sich absetzenden Moleküle nicht mehr mit ihr verschmelzen können, sondern eine neue Schicht bilden müssen.

Nehmen wir nun an, daß auch imbibitionsfähige Körper kristallisieren könnten, so wird sich dabei die doppelte Art der Verbindung der Moleküle auch zeigen müssen. Eine Schichtenbildung wird auch bei ihnen statthaben müssen; wenigstens ist nicht einzusehen, weshalb sich hier ein Unterschied zeigen sollte, da ja gerade die Schichtenbildung bei den gewöhnlichen Kristallen zeigt, daß die Moleküle nicht alle so genau miteinander verbunden wer-[245]den sollen, als es überhaupt möglich ist. Nur in den einzelnen Schichten findet eine möglichst innige Verbindung der Moleküle statt. Diese geschieht bei den gewöhnlichen Kristallen durch Apposition der neuen Moleküle auf die Oberfläche der vorhandenen und Verschmelzung mit denselben. Bei den imbibitionsfähigen Körpern ist eine viel innigere Vereinigung möglich, indem hier die neuen Moleküle sich durch Intussuszeption zwischen die vorhandenen ablagern können. Es ist daher wohl keine zu kühne Hypothese, wenn man annimmt, daß bei imbibitionsfähigen Körpern, wenn sie kristallisieren, die einzelnen Schichten durch Intussuszeption wachsen würden, und daß dies bei gewöhnlichen Kristallen nur deshalb nicht geschieht, weil es nicht möglich ist.

Denken wir uns also einen Teil des Kristalls gebildet; die Ablagerung neuer Moleküle dauert fort, aber diese verschmelzen nicht mit dem schon fertigen Teil des Kristalls, sondern sie verschmelzen nur untereinander und bilden eine neue Schicht, welche nach Analogie der gewöhnlichen Kristalle entweder den ganzen Kristall oder nur einen Teil desselben überziehen kann. Wir wollen annehmen, sie überziehe den ganzen Kristall. Bildet sich nun auch diese Schicht, statt durch Apposition durch Ablagerung der neuen Moleküle zwischen die vorhandenen, so darf doch dabei das Gesetz nicht geändert werden, daß die Ablagerung der miteinander verschmelzenden Moleküle nach zwei Richtungen, also in einer Fläche, stärker geschieht als in der dritten Richtung in der Dicke der Schicht, d. h., die Moleküle, welche sich durch Intussuszeption zwischen die schon vorhandenen ablagern, müssen sich zwischen die nach der Fläche der Schicht nebeneinanderliegenden Moleküle stärker ablagern als zwischen die nach der Dicke der Schicht übereinanderliegenden. Diesem Nebeneinanderlagern der Moleküle ist bei gewöhnlichen Kristallen durch die Größe des Kristalls oder durch die Größe der einzelnen Fläche, auf der sich die Schicht bildet, eine Grenze gesetzt; daher hört auch die Verschmelzung der [246] Moleküle mit dieser Schicht auf, und es beginnt eine neue Schicht. Findet aber bei den imbibitionsfähigen Kristallen ein Wachstum der Schichten durch Intussuszeption statt, so hindert, selbst wenn die Schicht schon den ganzen Kristall überzogen hat, nichts, daß sich noch weiter Moleküle zwischen die der Fläche nach nebeneinanderliegenden Moleküle ablagern, das Wachstum der Schicht kann fortdauern, ohne daß das Gesetz, wonach die neuen Moleküle miteinander verschmelzen, geändert zu werden braucht. Die Folge davon ist, daß sich die Schicht mehr kondensiert, d. h. in denselben Raum mehr feste Substanz aufnimmt; dann aber wird sie sich ausdehnen und von dem fertigen Teil des Kristalls trennen, so daß zwischen ihr und dem Kristall ein hohler Zwischenraum entsteht, der sich durch Imbibition mit Flüssigkeit füllt, und an einer Stelle ihrer innern Fläche liegt der früher gebildete Teil des Kristalls an. So erhalten wir also bei imbibitionsfähigen Körpern statt einer neuen Schicht, die sich an die früher gebildeten Teile des Kristalls ansetzt, ein hohles Bläschen. Dieses muß anfangs die Form haben von dem Kristallkörper, um den es sich bildet, also eckig sein, wenn dieser eckig ist. Denken wir uns aber diese Schicht aus weicher imbibitionsfähiger Substanz zusammengesetzt, so ist leicht einzusehen, daß ein solches Bläschen durch Imbibition sehr bald rund oder oval werden muß. Allein der früher gebildete Teil des Kristalls besteht ebenfalls aus imbibitionsfähiger Substanz, und es ist deshalb noch sehr zweifelhaft, ob er überhaupt eine eckige Form haben muß. Bei gewöhnlichen Kristallen lagern sich Atome einer Substanz zusammen, und man begreift, wie eine bestimmte eckige Form des Kristalls entstehen kann, wenn diese Atome eine bestimmte Form haben oder in bestimmten Achsen eine verschiedene Anziehung aufeinander ausüben. Allein bei imbibitionsfähigen Körpern lagert sich nicht ein Atom einer Substanz an ein Atom derselben Substanz, sondern Atome von Wasser treten dazwischen, und zwar Atome von Wasser, [247] die nicht mit einem Atom der festen Substanz zu einem zusammengesetzten Atom verbunden sind wie beim Kristallwasser, sondern die auf irgendeine andere unbekannte Weise zwischen den Atomen der festen Substanz sich befinden. Es läßt sich daher nicht vorhersehen, ob das, was sich vom Kristall zuerst bildet, eine eckige Form haben muß oder nicht.

Ein gewöhnlicher Kristall besteht aus einer Menge von Schichten; er hat schon so klein, als er erkennbar ist, die Form, die später der ganze Kristall zeigt, wenigstens was die Winkel anbelangt; wir müssen also vermuten, daß die erste Schicht sich um ein sehr kleines Körperchen bildet, welches dieselbe Form hat wie der spätere Kristall. Wir wollen dies das primitive Körperchen nennen. Bei den imbibitionsfähigen Kristallen ist es also zweifelhaft, welche Form dieses Körperchen hat. Um dieses bildet sich also auf die angegebene Weise die erste Schicht; diese wächst durch Intussuszeption und bildet so ein hohles rundes oder ovales Bläschen, an dessen innerer Fläche das primitive Körperchen anliegt. Da alle neu abzulagernden Moleküle sich in dieser Schicht absetzen können, ohne daß das Gesetz, wonach die Moleküle bei der Kristallisation verschmelzen, geändert zu werden braucht, so muß man konsequent schließen, daß diese Schicht die einzige bleibe und sich bedeutend ausdehne, so daß sie alle Schichten eines gewöhnlichen Kristalls repräsentiert. Es ist aber die Frage, ob nicht doch Gründe vorhanden sein können, weshalb sich mehrere Schichten bilden können. Ein solcher Grund ist allerdings denkbar. Es hängt von der Konzentration der Flüssigkeit ab, wievielfeste Substanz in einer bestimmten Zeit herauskristallisieren muß; die Menge der Moleküle, die sich nach dem erwähnten Gesetz in einer gewissen Zeit in der Schicht absetzen können, hängt davon ab, wieviel von der Auflösung in dieser Zeit durch Imbibition in die Membran eindringen kann. Muß aber vermöge der Konzentration der Auflösung in derselben Zeit mehr niedergeschlagen werden, so [248] kann dies sich nur als eine neue Schicht auf der äußern Oberfläche des Bläschens absetzen. Ist diese zweite Schicht gebildet, so setzen sich die neuen Moleküle in diese ab, sie dehnt sich schnell zu einem Bläschen aus, an dessen innerer Fläche das erste Bläschen mit seinem primitiven Körperchen anliegt. Das erste Bläschen wächst nun entweder gar nicht mehr oder wenigstens viel langsamer; letzteres dann, wenn die Endosmose in die Höhle des zweiten Bläschens so schnell erfolgen kann, daß beim Durchdringen durch dies Bläschen nicht alles Fällbare wirklich sich absetzt. Das zweite Bläschen, wenn es sich überhaupt bildet, muß sich notwendig auch relativ stärker entwickeln als das erste; denn im Anfange ist die Auflösung am konzentriertesten daher tritt hier schneller die Notwendigkeit der Bildung einer zweiten Schichte ein; hat sich diese aber gebildet, so ist die Konzentration der Flüssigkeit schon geringer, und es tritt diese Notwendigkeit entweder gar nicht oder später ein. Möglicherweise kann sich aber auch noch eine dritte, vierte usw. bilden; immer muß die äußerste Schicht sich auch relativ am stärksten entwickeln; denn wenn die Konzentration der Auflösung nur so stark ist, daß alles, was in einer bestimmten Zeit abgelagert werden muß, sich in der äußersten Schicht ablagern kann, so wird auch alles zum Wachstum dieser Schicht verwandt.

Dies würden also die Erscheinungen sein, unter denen imbibitionsfähige Stoffe wahrscheinlich kristallisieren würden, wenn sie überhaupt kristallisierten. Ich sage wahrscheinlich; denn bei unseren noch unvollständigen Kenntnissen über Kristallbildung und Imbibitionsfähigkeit läßt sich so etwas nicht mit Sicherheit a priori bestimmen. Es ist aber einleuchtend, daß dies gerade die Haupt-Erscheinungen sind, unter denen sich die Zellen bilden. Die Zellen bestehen überall aus imbibitionsfähiger Substanz; es bildet sich bei ihnen zuerst ein kleines nicht eckiges Körperchen (Kernkörperchen), um dieses schlägt sich eine Schicht (Kern) nieder, die so lange schnell wächst, bis [249] sich außen eine zweite Schicht (Zelle) darum niederschlägt. Jetzt wächst diese zweite schneller und dehnt sich zu einem Bläschen aus, was oft auch mit der ersten Schicht geschieht. In anderen seltenern Fällen bildet sich nur eine, in noch anderen Fällen drei Schichten. Es bleibt hier für die Zellenbildung nur der Unterschied, daß die einzelnen Schichten nicht aus derselben chemischen Substanz bestehn, während ein gewöhnlicher Kristall immer nur aus einem Stoff besteht. Handelt es sich also um einen Vergleich zwischen Zellenbildung und Kristallbildung, so fallen die oben erwähnten Unterschiede in Form, Struktur und Art des Wachstums weg. Wenn sich Kristalle aus der Substanz bildeten, woraus die Zellen bestehn, so würden sie wahrscheinlich in diesen Beziehungen sich wie die Zellen verhalten. Indessen bleiben die metabolischen Erscheinungen, die bei den Kristallen ganz fehlen, als wesentliche Unterschiede übrig.

Wenn man nun auch gerade wegen dieses wichtigen Unterschiedes zwischen Zellen- und Kristallbildung allen inneren Zusammenhang beider Prozesse leugnet, so kann der Vergleich beider doch dazu dienen, sich wenigstens eine deutliche Vorstellung von dem Zellenleben zu machen. Man kann sich etwa die Sache so vorstellen: Die Substanz, woraus die Zellen bestehn, besitzt die Fähigkeit, die Substanz, womit sie in Berührung ist, chemisch umzuwandeln, etwa so, wie das bekannte Platinpräparat Alkohol in Essigsäure umwandelt. Diese Fähigkeit kommt jedem Teile der Zelle zu. Wird nun das Cytoblastem durch eine schon gebildete Zelle so umgewandelt, daß ein Stoff entsteht, der sich nicht an diese Zelle ansetzen kann, so kristallisiert er zunächst als das Kernkörperchen einer neuen Zelle heraus. Dieses wandelt nun das Cytoblastem ebenfalls um. Ein Teil des Umgewandelten kann sich in dem Cytoblastem aufgelöst erhalten oder kristallisiert als Anfang neuer Zellen heraus; ein anderer Teil, die Zellensubstanz, kristallisiert um das Kernkörperchen. Die Zellensubstanz ist entweder in dem Cytoblastem löslich und kristallisiert erst heraus, wenn [250] dieses damit gesättigt ist, oder sie ist unlöslich und kristallisiert in demselben Moment, wo sie gebildet wird, nach den oben erwähnten Gesetzen über die Kristallisation imbibitionsfähiger Körper heraus, bildet daher eine oder mehrere Schichten um das Kernkörperchen usw. Stellt man sich die

Zellenbildung in dieser Weise vor, so würde man sich die plastische Kraft der Zellen als identisch mit der Kraft denken, wodurch die Kristalle wachsen. Nach der obigen Darstellung über die Kristallisation imbibitionsfähiger Körper reicht man auch wirklich mit dieser Vorstellungsweise bei den wichtigsten plastischen Erscheinungen der Zellen aus. Sehen wir aber zu, ob dieser Vergleich zu der ganzen Charakteristik der plastischen Kraft der Zellen (s. oben pag. 231) paßt.

Die Anziehungskraft in den Zellen wirkt nicht immer gleichmäßig, sondern der Ansatz der neuen Moleküle kann stellenweise stärker erfolgen, so daß eine Formveränderung der Zellen entsteht. Dies hat seine vollkommene Analogie bei den Kristallen. Wenn hier auch die Winkel niemals verändert werden, es kann doch an einzelnen Flächen ein stärkerer Ansatz erfolgen, so daß z. B. aus einem Würfel eine vierseitige Säule entsteht. Hier werden auf einer oder auf zwei entgegengesetzten Flächen des Würfels neue Schichten abgelagert. Repräsentiert nun bei den Zellen eine Schicht eine Menge der Schichten eines gewöhnlichen Kristalls, so ist leicht einzusehen, daß statt der neuen Schichtenbildung an zwei entgegengesetzten Seiten einer Zelle ein stärkeres Wachstum der einen Schicht an diesen Stellen, also eine Verlängerung einer runden Zelle in eine Faser stattfinden muß. Ebenso mit den übrigen Formveränderungen. Die Teilung der Zellen kann bei gewöhnlichen Kristallen keine Analogie haben, weil das einmal Abgelagerte keiner Veränderung mehr fähig ist. Mit der Vorstellung von imbibitionsfähigen Kristallen läßt sich dieses Phänomen aber ebenso gut vereinigen wie die Verschmelzung mehrerer Zellen auf die oben pag. 218 beschriebene Weise. Auch die Entstehung sekundärer Ablagerun-[251]gen auf der inneren Fläche einer Schicht eines imbitionsfähigen Kristalls, wie sie sich bei den Zellen bilden, kann man sich sehr gut vorstellen, wenn man dieser Schicht die Fähigkeit zuschreibt, organische Substanz chemisch umzuwandeln. Hat sich nämlich diese Schicht nach den Gesetzen der Kristallisation zu einem Bläschen ausgedehnt und dieses sich durch Imbibition mit einer Auflösung organischer Substanz gefüllt, wird diese dann durch die Einwirkung der Schicht selbst umgewandelt, so können dabei sehr wohl Stoffe entstehen, die sich nicht mehr in der Auflösung erhalten können. Diese können dann entweder innerhalb des Bläschens als neue imbibitionsfähige

Kristalle unter der Form von Zellen herauskristallisieren, oder, wenn sie der Substanz des Bläschens verwandt sind, können sie so herauskristallisieren, daß sie zum System des Bläschens selbst gehören, und zwar letzteres wieder in zweifacher Weise, entweder so, daß sie zum Wachstum desselben verwandt werden, oder so, daß sie neue Schichten auf der inneren Fläche des Bläschens bilden, aus demselben Grunde, weshalb sich das Bläschen früher selbst als eine Schicht bildete. Bei Pflanzenzellen geschehen diese sekundären Ablagerungen in Spiralen. Dies ist ein sehr wichtiges Faktum, dessen Notwendigkeit man zwar aus den Gesetzen der Kristallisation jetzt nicht einsieht. Sollte sich aber aus den Gesetzen der Kristallisation anorganischer Körper mathematisch nachweisen lassen, daß unter den veränderten Umständen bei imbibitionsfähigen Körpern solche Ablagerungen in Spiralen erfolgen müßten, so würde man unzweifelhaft die Identität der plastischen Kraft der Zellen und der Grundkräfte der Kristalle behaupten können.

Wir kommen nun aber auf einige Eigentümlichkeiten in der plastischen Kraft der Zellen, von denen man auf den ersten Blick weniger eine Analogie bei den Kristallen erwarten sollte. Die Anziehungskraft der Zellen wirkt nämlich mit einer gewissen Auswahl; nicht alle in dem Cytoblastem vorhandene Substanz wird angezogen, sondern [252] nur bestimmte, und aus derselben Flüssigkeit, dem Blut, ernährt sich hier eine Muskelzelle, dort eine Fettzelle usw. Nichtsdestoweniger kennen wir ein ganz ähnliches und auch häufig schon als Analogon der Assimilation angeführtes Phänomen von den Kristallen. Legt man in eine Auflösung von Salpeter und Glaubersalz einen Salpeterkristall, so kristallisiert nur der Salpeter; legt man einen Glaubersalzkristall hinein, so kristallisiert nur das Glaubersalz heraus: es findet also hier eine ganz ähnliche Auswahl der anzuziehenden Substanz statt.

Bei Entwicklung der plastischen Erscheinungen an den Zellen stellte sich noch das Gesetz heraus, daß zur ersten Bildung einer Zelle eine konzentriertere Auflösung erforderlich ist als zum Wachstum einer schon gebildeten Zelle, ein Gesetz, worauf der Unterschied zwischen organisierten und nichtorganisierten Geweben beruht. Bei der gewöhnlichen Kristallisation muß die Auflösung mehr als gesättigt sein, wenn die Kristallisation beginnen soll. Ist aber die Kristallisation vor sich gegangen, so bleibt nach Thenard eine Mutterlauge übrig, die nicht mehr bei dieser Temperatur gesättigt ist. Dies ist ganz dasselbe Phänomen wie bei den Zellen; es zeigt, daß zum Anfang der Kristallisation eine konzentriertere Auflösung erforderlich ist als zum Wachstum der schon gebildeten Kristalle. Dieses Faktum ist zwar von Thomson bestritten worden; allein wenn in dem oben angeführten unbestrittenen Versuch ein Glaubersalzkristall das aufgelöste Glaubersalz mehr anzieht als den aufgelösten Salpeter, und umgekehrt der Salpeterkristall den aufgelösten Salpeter mehr anzieht als das aufgelöste Glaubersalz, so geht doch daraus hervor, daß ein Kristall überhaupt ein aufgelöstes Salz anzieht, eben weil der Versuch beweist, daß es Grade dieser Anziehung gibt. Gibt es aber eine solche Anziehung, die von einem Kristall ausgeübt wird, so ist, wenn man einen Kristall in eine Auflösung eines Salzes legt, eine Ursache da, welche den Absatz dieses Salzes bewirken kann, die fehlt, wenn man keinen Kristall hineinlegt. Die Auflösung [253] muß also im letztern Falle konzentrierter sein als im erstern, wenn auch der Unterschied so unbedeutend sein kann, daß er durch einen Versuch sich gar nicht nachweisen läßt. Es dürfte indessen eine Wiederholung der Versuche nicht überflüssig sein. Bei imbibitionsfähigen Kristallen kann dieser Unterschied noch bedeutend gesteigert werden, indem durch das Eindringen der Auflösung zwischen die abgelagerten Moleküle die Anziehung der letzteren sich vielleicht bedeutend steigern kann.

Wir sehen demnach, wie sich alle plastischen Erscheinungen an den Zellen mit Phänomenen vergleichen lassen, welche sich nach den gewöhnlichen Gesetzen der Kristallisation wahrscheinlich zeigen würden, wenn imbibitionsfähige Körper zum Kristallisieren gebracht werden könnten. Solange ein solcher Vergleich bloß den Zweck hat, sich eine deutlichere Vorstellung des Zellenbildungsprozesses zu machen, dürfte dagegen nicht viel einzuwenden sein; es liegt gar nichts Hypothetisches darin, eben weil keine Erklärung darin liegt; es wird nicht behauptet, daß die Grundkraft der Zellen wirklich etwas gemeinsam habe mit der Kraft, wodurch sich die Kristalle bilden. Hat man doch immer das Wachstum der Organismen, weil dabei feste Substanzen aus einer Flüssigkeit sich absetzen, mit einer Kristallisation verglichen, ohne deshalb die Identität der Grundkräfte zu behaupten. Bisher sind wir auch über diesen Boden des Gegebenen, über diese bloße Vorstellungsweise der Tatsachen nicht hinausgegangen.

Es ist aber die Frage, ob die genaue Übereinstimmung der Erscheinungen uns nicht berechtigte, weiterzugehen. Wenn die Bildung und das Wachstum der Elementarteile der Organismen weiter nichts mit der Kristallisation gemein hat, als daß sich feste Substanzen aus einer Flüssigkeit absetzen, so ist dies allerdings kein Grund, einen innern Zusammenhang beider Prozesse anzunehmen. Allein wir haben erstens gesehn, daß bei dem Absatz der Moleküle zur Bildung der Elementarteile der Organismen Gesetze zugrunde liegen, die für alle Ele-[254] mentarteile dieselben sind, daß es für alle Elementarteile ein gemeinsames Entwicklungsprinzip, nämlich das der Zellenbildung, gibt; es wurde dann gezeigt, daß der Grund des Ansatzes der neuen Moleküle nicht in dem ganzen Organismus, sondern in den einzelnen Elementarteilen liege (was wir die plastische Kraft der Zellen nannten): endlich wurde nachgewiesen, daß die Gesetze, nach welcher sich die neuen Moleküle zu Zellen zusammenfügen, soviel sich nach den unvollständig bekannten Gesetzen der Kristallisation im voraus darüber wahrscheinlich machen läßt, dieselben sind wie die, wonach imbibitionsfähige Substanzen kristallisieren würden: Nun bestehn in der Tat die Zellen nur aus imbibitionsfähiger Substanz; sollte man deshalb nicht zur Aufstellung des Satzes berechtigt sein, daß die Bildung der Elementarteile der Organismen nichts als eine Kristallisation imbibitionsfähiger Substanz, der Organismus nichts als ein Aggregat solcher imbibitionsfähiger Kristalle ist?

Ein so wichtiger Satz würde gewiß des strengsten Beweises bedürfen, wenn er als entschiedene Wahrheit hingestellt werden sollte, aber selbst von den hier vorausgeschickten Prämissen kann man nicht behaupten, daß sie in allen Punkten die hierzu erforderliche Strenge haben. Wir kennen namentlich noch zu wenig die Ursache der Kristallbildung, als daß man, wie es oben versucht wurde, mit Sicherheit vorherbestimmen könnte, was erfolgen würde, wenn ein imbibitionsfähiger Stoff kristallisierte. Gibt man aber auch diese Prämissen zu, so wären zur Richtigkeit des fraglichen Satzes noch folgende zwei Punkte nachzuweisen: 1) daß die metabolischen Erscheinungen der Zellen, die in der obigen Deduktion nicht berücksichtigt wurden, ebenfalls wie die plastischen Erscheinungen notwendige Folge der Imbibitionsfähigkeit oder irgendeiner andern Eigentümlichkeit der Zellensubstanz sind. 2) Daß, wenn sich eine Menge imbibitionsfähiger Kristalle bilden, diese sich nach gewissen Gesetzen zusammenfügen müssen, so daß sie ein einem Organismus ähnliches, systematisches [255] Ganze bilden. Diese beiden Punkte müßten mit aller Strenge erwiesen werden, wenn man die obige Ansicht als entschiedene Wahrheit aufstellen wollte. Anders ist es dagegen, wenn man diese Ansicht bloß als eine Hypothese hinstellt, welche zum Zwecke hat, als Leitfaden für neue Untersuchungen zu dienen. In diesem Falle enthält die obige Deduktion Wahrscheinlichkeitsgründe genug, um zu einer solchen Hypothese zu berechtigen, wenn nur die beiden eben erwähnten Punkte sich mit dieser Hypothese vereinigen lassen.

Was den ersten dieser Punkte anbelangt, so würde es allerdings bei unserer Unkenntnis über die Ursache der chemischen Erscheinungen überhaupt unmöglich sein zu beweisen, daß ein imbibitionsfähiger Kristall chemisch umwandelnd auf seine Umgebung wirken müsse; läßt sich doch auch aus der Art, wie der Platinschwamm gebildet wird, nicht seine eigentümliche Wirkung auf Sauerstoffgas und Wasserstoffgas im voraus deduzieren. Für die Haltbarkeit jener Ansicht, als einer möglichen Hypothese, ist aber auch nur nötig einzusehen, daß es eine Folge sein k a n n, und dies läßt sich gar nicht leugnen; es sprechen sogar einige, freilich nur schwache Gründe dafür. Da nämlich alle Zellen diese metabolische Kraft besitzen, so ist es wahrscheinlicher, daß diese mehr ihren Grund in einer bestimmten Lage der Moleküle, die wahrscheinlich bei allen Zellen wesentlich dieselbe ist, als in der chemischen Zusammensetzung der Moleküle hat, die bei den verschiedenen Zellen sehr verschieden ist. Auch das Auftreten verschiedener Substanzen auf der innern und äußern Fläche der Zellenmembran (s. oben pag. 237) spricht einigermaßen dafür, daß eine bestimmte Richtung der Achsen der Atome bei den metabolischen Erscheinungen der Zellen wesentlich sein mag. Ich denke mir daher die Sache so, daß gerade die bestimmte Zusammenfügungsweise der Moleküle, wie sie in Kristallen stattfindet, verbunden mit der Fähigkeit der Auflösung, zwischen diese regelmäßig abgelagerten Moleküle einzudringen, die Ursache der metaboli-[256]schen Erscheinungen ist, so daß ein gewöhnlicher Kristall, wenn er imbibitionsfähig gemacht werden könnte, dieselben Erscheinungen zeigen würde. Die qualitativen Unterschiede in den metabolischen Erscheinungen hängen dann vielleicht von ihrer chemischen Zusammensetzung ab.

In bezug auf den zweiten Punkt, so ist zur Haltbarkeit jener Hypothese bloß nachzuweisen, daß imbibitionsfähige Kristalle sich nach gewissen Gesetzen miteinander vereinigen können. Entständen nämlich alle Kristalle isoliert, ohne daß mehrere in irgendeiner Beziehung zueinander stehn, so würde die Ansicht noch immer unerklärt lassen, wodurch die Elementarteile der Organismen, also die fraglichen imbibitionsfähigen Kristalle, zu einem Ganzen verbunden werden. Es ist daher notwendig, zu zeigen, daß Kristalle nach bestimmten Gesetzen sich miteinander vereinigen, um wenigstens die Möglichkeit einzusehen, daß sie sich auch zu einem Organismus vereinigen können, und darin keine andere bindende Kraft angenommen zu werden braucht. Eine solche Vereinigung vieler Kristalle nach bestimmten Gesetzen läßt sich aber nicht bestreiten; ja sie vereinigen sich oft zu einem Ganzen, welches seiner Gesamtform nach einem Organismus so ähnlich ist, daß solche Kristallgruppen schon im gewöhnlichen Leben Blumen, Bäume usw. genannt werden, wobei ich nur an die Eisblumen auf den Fenstern oder an den Bleibaum usw. zu erinnern brauche. Es gruppieren sich dabei eine Menge Kristalle nach bestimmten Gesetzen um andre, die eine Achse bilden. Bedenkt man, daß eine unumgängliche Bedingung des Wachstums nichtimbibitionsfähiger Kristalle die Berührung jedes Kristalls mit der umgebenden Flüssigkeit ist, daß aber diese Bedingung bei imbibitionsfähigen Kristallen, wo die Auflösung ganze Kristallschichten durchdringen kann, wegfällt, so sieht man ein, daß die Ähnlichkeit dieser Kristallaggregate mit Organismen so groß ist, als man sie nur nach dieser Verschiedenheit der Substanzen erwarten durfte. Da die meisten Zellen zu ihren metabolischen Erscheinungen, außer der eigentlichen er-[257]nährenden Flüssigkeit, des Zutritts von Sauerstoff bedürfen und Kohlensäure muß ausgehaucht werden können oder umgekehrt, so müssen die Organismen, in denen sich keine Zirkulation der respirierenden Flüssigkeit, oder wenigstens keine hinlängliche Zirkulation, ausbildet, sich so entwickeln, daß sie der atmosphärischen Luft eine möglichst große Oberfläche darbieten. In dieser Lage befinden sich die Pflanzen, zu deren Wachstum die Berührung der einzelnen Zellen mit dem umgebenden Medium auf ähnliche Weise, wenn auch nicht in demselben Maße, notwendig ist wie bei einem Kristallbaume, und hier fügen sich auch wirklich die Zellen zu einem Ganzen zusammen, welches mit einem Kristallbaume in seiner Gesamtform viele Ähnlichkeit hat. Bei den Tieren aber, wo die Berührung der einzelnen Zellen mit dem umgebenden Medium durch die Zirkulation überflüssig gemacht wird, können mehr kompakte Formen entstehen, selbst wenn die Gesetze, wonach sich die Zellen aneinanderlegen, wesentlich dieselben sind.

Nach alledem scheint die Ansicht, daß die Organismen nichts sind als die Formen, unter denen imbibitionsfähige Substanzen kristallisieren, mit den wichtigsten Erscheinungen des organischen Lebens vereinbar, und insofern als eine mögliche Hypothese, als ein Versuch zur Erklärung dieser Erscheinungen, zulässig. Sie enthält sehr viel Ungewisses und Paradoxes, aber ich habe sie deshalb ausführlich entwickelt, weil sie als Leitfaden für neue Untersuchungen dienen kann. Denn selbst wenn man im Prinzip keinen Zusammenhang zwischen Kristallisation und Wachstum der Organismen annimmt, hat diese Ansicht den Vorteil, daß man sich eine bestimmte Vorstellung von den organischen Prozessen machen kann, was immer notwendig ist, wenn man planmäßig neue Versuche anstellen, d. h. eine mit den bekannten Erscheinungen harmonierende Vorstellungsweise durch Hervorrufung neuer Erscheinungen prüfen will.

Inhaltsangabe der vier Abbildungstafeln zur Arbeit von Schwann

Tafel I:

Fig. 1–3: Zellgewebe mit Kernen von Pflanzen (Zwiebel, Pollen)
Fig. 4–7: Knorpelzellen einer Plötze
Fig. 8: Kiemenknorpel einer Larve des Teichfrosches
Fig. 9: Schädelknorpel der Larve der Knoblauchkröte
Fig. 10–12: Zellen der Kristallinse eines Schweinefötus (11: Kern)
Fig. 13: desgleichen vom Hecht
Fig. 14: Epidermiszelle einer Grasart

Tafel II:

Fig. 1: Ei einer Ziege nach Krause (Müller's Archiv 1837, Tab. I, Fig. 5)
Fig. 2–7: Zellen von versch. Teilen des Hühnereies
Fig. 8–9: Verschiedene Arten und Entwickelungsstufen der Pigmentzellen aus dem Schwanz von Froschlarven
Fig. 10–13: Zellen und Kerne in versch. Entwicklungsstufen einer Rabenfeder

Tafel III:

Fig. 1: Kiemenknorpel vom Teichfrosch
Fig. 2–9: Zellen versch. Entwicklungsstadien aus Darmbeinknorpel, Zahnschmelz, Halsmuskel, Augenhöhle eines Schweinefötus
Fig. 10: Fettzellen aus der Schädelhöhle einer jungen Plötze
Fig. 11–13: „Faserzellen“ aus Achillessehne, Aorta und Muskel eines Schweinefötus

Tafel IV:

Fig. 1–5: Vergleich der Muskelbündel eines Schweinefötus, einer Maikäferlarve (4) und eines Hechtes (5)
Fig. 6–10: Vergleich der Nervengewebe eines Schweineembryo, eines Kalbes (9) und eines Frosches (10)
Fig. 11: Kapillargefäße im Schwanz von Froschlarven
Fig. 12: Schematische Darstellung der Bildung der Kapillargefäße in der Zona pellucida eines Hühnereies

3.

Max Schultze
Über Muskelkörperchen und das, was man eine Zelle zu nennen habe

(Archiv für Anatomie, Physiologie und wissenschaftliche Medicin, Jg. 1861, S. 1–27)

Von den zahlreichen in neuester Zeit erschienenen Abhandlungen über die Bedeutung der „Muskelkörperchen" ist, wie gewiß viele zugeben werden, keine dazu angetan, das Gefühl einer befriedigenden Lösung der auf diese Gebilde sich beziehenden vielfach diskutierten Fragen hervorzurufen. Der Wunsch, darüber ins klare zu kommen, ob im Inneren der Primitivbündel der Muskeln geschlossene Zellen mit anastomosierenden Ausläufern liegen oder ob statt deren bloße Kerne da seien oder ob endlich, wie manche glauben, keinerlei abgeschlossene körperliche Gebilde zwischen den Fibrillen vorkommen, hat sich bei vielen geregt. Davon legen die zahlreichen diesen Gegenstand betreffenden Abhandlungen Zeugnis ab. Wie weniges ... sich allgemeine Anerkennung verschaffen konnte, das lehren die nicht endenden Differenzen bei den stets neu auftauchenden Autoren. Es ist ein unbehaglicher Zustand hier wie in manchen anderen Kapiteln der Gewebelehre. Zu dessen Ende beizutragen sind die nachfolgenden Bemerkungen bestimmt.

Bei Deutung so komplizierter Gewebe, wie Bindegewebe, Muskeln und dergleichen sind, haben wir vor allen Dingen nach der Genese zu fragen. Für die Muskeln wollen wir die zuerst von Remak[1]) mit Nachdruck verteidigte, bei Froschlarven leicht zu bestätigende Ansicht, daß jedes Primitivbündel aus einer einzigen Zelle entstehe, welcher sich unter [2] anderen auch Kölliker[2]) endlich angeschlossen hat, zugrunde legen. Die Vorgänge bei der Entwicklung sind, wie ich hier vorausschicken will, folgende. Während die junge Muskelzelle zu einem zylindrischen oder spindelförmigen Gebilde auswächst,

---

[1]) Froriep: N. Notizen. 1845, Nr. 768. Untersuchungen über die Entwicklung der Wirbeltiere. Taf. XI. Reicherts u. du Bois-Reymonds Archiv. 1861.

[2]) Zeitschr. f. wiss. Zoologie. Bd. 9. 1858. p. 139, 141.

mehren sich die schon früh vielfachen Kerne durch fortgesetzte Teilung und gruppieren sich bei verschiedenen Tieren in etwas verschiedener Weise, indem sie sich entweder unregelmäßig in der Zellsubstanz verteilen, oder in der Längsachse zu einem Strange anordnen u. dgl. m., und gleichzeitig wandelt sich die Zellsubstanz, der körnige sogenannte Zelleninhalt, das Protoplasma,[3]) welches wahrscheinlich unter besonderer Mitwirkung der sich mehrenden Kerne gleichfalls an Menge fortdauernd zunimmt, in die kontraktile Fibrillensubstanz um, und zwar von der Peripherie nach dem Zentrum, meist nicht gleichmäßig von allen Seiten her, sondern anfänglich einseitig. Die fast undurchsichtige, stark körnige und wie in allen Embryonalzellen sehr dichte Protoplasmasubstanz hellt sich auf, wird durchsichtiger, die Körnchen schwinden allmählich, endlich tritt in ihr Längs- und Querstreifung auf. Das Protoplasma, dem schon vorher Kontraktilität zukam, die ungeformte kontraktile Substanz, formt sich durch innere Veränderungen, die Disdiaklasten und ihre Gruppen, die *sarcous elements* differenzieren sich als das stark und doppeltbrechende Körperchen und gruppieren sich in der Längsrichtung zu stäbchenförmigen Fibrillen, indem eine weichere, nicht doppelt brechende, der ursprünglichen Protoplasmasubstanz, wie es scheint, verwandtere Zwischenmasse [3] ihre Verkittung in der Längsrichtung übernimmt. So lagern sich die neu entstandenen Fibrillen dicht nebeneinander, ohne aber untereinander zu verschmelzen. Es bleibt vielmehr zwischen ihnen noch ein Rest des unveränderten Protoplasmas zurück. Dies ist die auch beim Erwachsenen noch nachweisbare Zwischensubstanz zwischen den Fibrillen. Die Menge derselben ist sehr verschieden, stellenweise verschwindend gering, so daß das Mikroskop sie kaum zeigt und nur die die Fibrillen isolierende Mazeration sie nachweist, in anderen Fällen sehr deutlich, entweder glashell oder mit feinen Körnchen durchsetzt, hier und da in etwas

[3]) Wir brauchen für die zähflüssige oder schleimartige, meist körnchenreiche, stickstoffhaltige Zellsubstanz oder Zelleninhaltsubstanz so gut einen Namen wie die Botaniker, und es kann nicht zweifelhaft sein, daß wir uns der vollständigen Übereinstimmung wegen, welche zwischen Tier- und Pflanzenzellen in allen wesentlichen Verhältnissen herrscht, desselben wie die Botaniker bedienen müssen. Remaks Versuch, den von Hugo von Mohl herrührenden Ausdruck „Protoplasma“ bei tierischen Zellen einzuführen, hat nicht die verdiente allgemeine Nachahmung gefunden. Wir werden uns desselben fortan stets bedienen.

größerer Menge angehäuft, so daß die Fibrillen zu feinen spindelförmigen Lücken auseinander weichen. Es ist diejenige Substanz, welche schon Henle[4]) als zwischen den Fibrillen vorkommend erwähnt, auf deren allgemeinere Verbreitung besonders Kölliker[5]), von Leydig[6]) dazu angeregt, aufmerksam machte, ohne aber über ihren Ursprung etwas zu sagen. In der Tat ist diese Substanz auf das Protoplasma der embryonalen Muskelzelle zurückzuführen, sie ist als übrig gebliebenes, bei der Metamorphose des Protoplasmas in Fibrillensubstanz unverändert gebliebenes oder wenig verändertes Protoplasma zu betrachten. Eine jede Fibrille ist ursprünglich immer und wahrscheinlich auch fortdauernd von einem Mantel dieser Substanz umgeben, wechselnd im Lauf der Zeit in Menge, Konsistenz und chemischer Beschaffenheit, so daß eine Isolierung der Fibrillen bald leichter, bald schwerer gelingt, wechselnd auch in ihrer Erscheinung, bald ganz homogen und glashell, bald feinkörnig oder mit zahllosen Fetttröpfchen durchsetzt.

Die zahlreichen Kerne, welche sich während des Wachstums der jungen Muskelfaser fortwährend durch Teilung mehren, betten sich bei allmählicher Umwandlung des Protoplasmas zwischen die Fibrillen. Lagen die Kerne zerstreut im Protoplasma, so finden wir dieselben auch später in solcher Anordnung in der Muskelfaser, wie z. B. beim Frosch [4] oder in den Herzmuskeln der Säugetiere[7]). Hatten sie sich zu einer Kernsäule in der Längsachse der Muskelfaser aufgereiht, so können sie auch diese Lage beibehalten, wie solche Muskelfaser aus einem $3^1/_2$zölligen Schweinefötus schon Schwann[8]) abbildet. Auch bei erwachsenen Tieren kommen dergleichen vor, wie Kölliker[9]) und Kühne[10]) erwähnen, Weismann[11]) kürzlich mit Hilfe der sehr empfehlenswerten Mazerationsmethode mittelst Kalilauge beim Frosch sehr häufig auffand. Endlich können die Kerne auch ganz an die Oberfläche des Primitivbündels rücken, wo sie dann später dicht unter (aber nicht in) dem Sarkolemma gefunden werden, wie meist beim Menschen und den Säugetieren. Alle diese Kerne sind mit größeren oder

[4]) Allgemeine Anatomie 1841, S. 580. [5]) Zeitschr. f. wiss. Zoologie. Bd. 8. S. 316. [6]) Dieses Archiv 1856, S. 156. [7]) Vergleiche den vortrefflichen Aufsatz über den Bau der Muskelfasern von A. Rollet in den Sitzungsber. d. Akad. d. Wiss. zu Wien Bd. 24. S. 291. [8]) Untersuchungen usw. Taf. IV. Fig. 2. [9]) Zeitschrif. f. wiss. Zoologie. Bd. 8. S. 316. [10]) Dieses Archiv Jahrg. 1859. S. 576. [11]) Zeitschr. f. ration. Medicin. 3. Reihe, Bd. X. 1860. S. 263.

geringeren Mengen Protoplasma umhüllt, welches, da der Kern meist eiförmig, die zur Aufnahme desselben bestimmte Lücke zwischen den Fibrillen aber spindelförmig ist, namentlich die beiden Endzipfel des spindelförmigen Raumes ausfüllt. Das Protoplasma ist dasselbe wie das überall zwischen den Fibrillen verbreitete, es ist aber meist in größerer Menge angehäuft, wo ein Kern liegt. Hier aber, wie sonst überall im Primitivbündel, stellt es nur eine Ausfüllungsmasse zwischen den Fibrillen dar, von einer besonderen Membran ist es ebenso wenig umschlossen, als die interfibrillären Körnchenreihen in mit besonderen Wandungen versehenen Röhrchen liegen. Man könnte sich zur Veranschaulichung der Anordnung der Teile in einem Muskelprimitivbündel demnach so ausdrücken, daß in einer körnigen, breiweichen Protoplasmamasse durch partielle Umwandlung derselben stäbchenartige Fasern, die Fibrillen auftreten. Alle bleiben ringsumflossen von den [5] Resten des unveränderten Protoplasma. In diesem waren aber schon vor der Umwandlung größere feste Körper, die Kerne, enthalten. Sie müssen bei der Bildung der Fibrillen natürlich zwischen diese zu liegen kommen. Wo sich die Fibrillen sehr dicht aneinander legen, wie meist geschieht, weichen sie, um den Kern zwischen sich zu beherbergen, zu einem kleinen spindelförmigen Raum auseinander. Dieser Raum, ausgefüllt von dem Kern und von Protoplasmamassen, steht natürlich in freier, offener Verbindung mit dem das ganze Bündel durchziehenden interfibrillären Protoplasma. Da letzteres an vielen Stellen aber bis auf ein Minimum schwindet, so daß die Fibrillen sozusagen dicht aneinander liegen, so kann das spindelförmige, kernhaltige Körperchen, welches, wenn wir den, wenn ich nicht irre, zuerst von Welcker gebrauchten Namen „Muskelkörperchen" beibehalten wollen, wohl allein diesen Namen verdient und ihn im Nachfolgenden auch allein führen soll, als ein ringsbegrenztes, mehr oder weniger abgeschlossenes erscheinen. In der Tat wird es in den meisten Fällen so geschehen und gibt mit seinem Kern durchaus das Bild einer scharf begrenzten Zelle. Daneben kommen dann bei verschiedenen Tieren verschieden häufig auch andere spindelförmige aber kleinere Protoplasmaanhäufungen ohne Kern vor.[12]) Diese wer-

[12]) Unter anderen beschrieben von E. Haeckel, dieses Archiv 1857, S. 496, und von W. Kühne, ebenda 1859, S. 574.

den wir, um Mißverständnisse zu vermeiden, unter dem Namen Muskelkörperchen nicht mit begreifen.

Man wird zugeben, daß unsere Darstellung der Entwicklung und des Baues der Muskelfaser im wesentlichen mit den Angaben der meisten Histiologen im Einklang stehe, wenn der Ausdruck und die Art der Auffassung auch etwas abweicht. Die Umwandlung des Protoplasmas der embryonalen Muskelzelle in kontraktile Fibrillensubstanz beschrieb Remak zuerst, und wenn Margo[13]) in neuester Zeit statt einer, unter Kernteilung [6] und Vermehrung des Protoplasmas zu einer langen Muskelfaser auswachsenden Zelle, deren viele zur Bildung einer solchen Faser zusammentreten läßt, so ist der Widerspruch vielleicht nur ein scheinbarer. Es reduziert sich die Margosche Darstellung offenbar darauf, daß er für jeden der vielfachen Kerne in der jungen und fortwachsenden Muskelfaser auch eine besondere Protoplasmaabteilung, für jeden Kern ein, sozusagen ihm eigenes Protoplasmaklümpchen (Sarkoplasten) annimmt, welche alle aber untereinander zu einem homogenen Ganzen, dem Muskelprimitivbündel, verschmelzen sollen. Möglich, daß man durch gewissen Stadien der Muskelentwicklung entnommene Präparate zu einer Annäherung an die Margosche Ausdrucksweise veranlaßt werden wird, zu der mir vor der Hand zwingende Gründe noch nicht vorzuliegen scheinen und der ich in der einen Beziehung, daß die Sarkoplasten besondere Membranen haben sollen, bestimmt widersprechen muß.

Die Lücken zwischen den Fibrillen im reifen Muskel sind in dem mehrfach mißverstandenen Aufsatze von Leydig über Muskelstruktur[14]) deutlich bezeichnet und sehr richtig von Rollet[15]) ausführlicher beschrieben. Daß um die Muskelkerne herum bald mehr bald weniger feinkörnige Substanz liege, wird von allen Beobachtern zugegeben und ihr Stammbaum auf die embryonalen Muskelkerne zurückgeführt. Daß endlich kernhaltige und kernlose spindelförmige Lücken zwischen den Fibrillen existieren, ist eine bekannte Sache, ebenso daß der Inhalt derselben bald wasserhell, bald körnig, endlich strotzend von Fetttröpfchen erfüllt sein kann.

---

[13]) Neue Untersuchungen über die Entwicklung usw. der Muskelfasern. Sitzungsber. d. Akad. d. Wissensch. zu Wien. Bd. 36. s. 219. 1859.

[14]) Dieses Archiv 1856, S. 156.

[15]) A. a. O. S. 19ff.

In Widerspruch steht dagegen unsere Darstellung mit der dem Normalen nicht entsprechenden, zuerst von Böttcher[16]) vorgebrachten Ansicht, nach welcher in jedem Muskelprimitivbündel [7] mit deutlichen Wänden versehene und durch röhrenförmige Ausläufer untereinander anastomosierende, also scharf abgegrenzte Zellen vorhanden sein sollen. Ebensowenig kann sie aber als eine Bestätigung der von Stephan[17]) mit so großer Zuversicht vorgetragenen Angaben gelten, nach welchen geformte Gebilde zwischen den Fibrillen so gründlich fehlen sollen, daß selbst die allbekannten Muskelkerne als Kunstprodukte in das Reich der Täuschungen verwiesen werden. Auch mit Welcker[18]) kann ich mich nicht ganz einverstanden erklären. Derselbe hat in seiner neuesten mit A. Jahn zusammen herausgegebenen Abhandlung das Tatsächliche zwar ganz richtig beschrieben. Wenn derselbe aber bemüht ist, den bisher Muskelkerne genannten Gebilden die Bedeutung von Zellen zu indizieren, so verweise ich ihn darauf, daß er selbst ganz richtig den Ursprung jener Kerne auf die Kerne der embryonalen Muskelfaserzelle zurückführt,[19]) die Konsequenz aus seiner Ansicht also die ist, daß, was früher Kern war, später, wenn auch erst nach vielfacher Teilung, Zelle geworden sei. Ganz abgesehen davon, daß im vorliegenden Falle wenig Grund zu dieser von der herrschenden abweichenden Ansicht vorliegt, indem die Muskelkerne, Welckers Muskelkörperchen, beim Erwachsenen ebenso aussehen, wie die Kerne der embryonalen Muskelfaser: so ist vor allen Dingen hervorzuheben, daß noch keine einzige glaubwürdige Beobachtung weder im Tier- noch im Pflanzenreiche existiert, nach welcher ein Zellenkern als solcher, d. h. ohne Hinzunahme ihn äußerlich umgebenden Protoplasmas, je zu einer Zelle geworden sei. Wenn also, wie hier sicherlich der Fall ist, keine zwingenden Gründe existieren, eine Ausnahme von diesem Fundamentalsatze der Zellenlehre zu statuieren, so wird es, meine ich, auch dabei bleiben, daß man das, was seit Schwann Muskelkern genannt wird, auch künftig mit diesem Namen belege, aus dem einfachen [8] Grunde, weil diese Gebilde Teilprodukte der Kerne der embryonalen Muskelzelle sind.

---

16) Virchow's Archiv für pathol. Anatomie. Bd. 13. 1858. S. 232.
17) Zeitschr. f. rationelle Medizin. 3. Reihe. Bd. X. S. 204
18) Ebenda S. 238.
19) A. a. O. S. 258.

Wie nun aber weiter mit den eben sogenannten Muskelkörperchen? Die Unsicherheit und Verschiedenheit, welche in der Beurteilung solcher Gebilde, wie es die Muskelkörperchen sind, herrscht, rührt zweifelsohne zum großen Teil her von dem Mangel einer Übereinstimmung unter den Histiologen über das, was man eine Zelle zu nennen habe. Es gab eine Zeit, wo die herrschende Definition „bläschenförmige Gebilde mit Membran, Inhalt und Kern" genügte. Daß das jetzt nicht mehr der Fall ist, lehren die unendlichen Streitigkeiten auf einzelnen Gebieten der Gewebelehre, welche sich alle mehr oder weniger um den Begriff der Zelle drehen. Es wäre also wohl an der Zeit, einmal den Versuch zu machen, etwas Neues an die Stelle des Alten zu setzen. Es braucht sich dabei der Hauptsache nach nicht um einen plötzlichen Umschwung in den bisherigen Anschauungen, sondern nur darum zu handeln, das wirklich Charakteristische in den Vordergrund zu stellen, das Wesentliche vom Unwesentlichen zu trennen, etwas als Lehrsatz hinzustellen, dessen Grundlagen, soweit sie zum Beweise des Satzes notwendig, bereits allgemein bekannt sind, etwas in Worte zu kleiden, was vielen, nur vielleicht in weniger bestimmter Form, längst vorschwebte.

Was ist das Wichtigste an einer Zelle? Da es sehr verschiedene Arten von Zellen gibt, so werden wir die Antwort mit der neuen Frage beginnen müssen: Welches sind die wichtigsten Zellen? Die wichtigsten Zellen, diejenigen, in welchen sich das Großartige des Zellenlebens, eine unumschränkte Macht in Betreff der Gewebebildung, am klarsten abspiegelt, sind offenbar die aus der Teilung der Eizelle hervorgegangenen, sozusagen, noch zu keinem bestimmten Gewebe vereinigten Embryonalzellen (oder, wenn man will, die Eizellen selbst.) In diesen Zellen ruht die Zukunft eines ganzen Organismus. Sie sind zu einer unbegrenzten Fortpflanzung durch immer neue Teilung fähig, in ihnen liegen alle [9] die zum Aufbau der Gewebe und der verschiedenen Organe nötigen Kräfte. Sie sind es, das wird niemand bestreiten, die wir als das wahre Urbild von Zellen ansehen können. Aus ihnen kann alles werden und wird alles, was in einem normalen und was in einem krankhaft affigierten Organismus von Formbestandteilen vorkommt.

Welches sind nun die Bestandteile dieser Zellen? Ihr Zentrum nimmt, wie bekannt, ausnahmslos ein Kern ein, ein nahezu homogener, kugliger, leidlich fester Körper, in dessen Innerem ein stark lichtbrechendes Kernkörperchen liegt. Der Kern ist umgeben von der eigentlichen Zellsubstanz, einem zähflüssigen Protoplasma, undurchsichtig wegen der dasselbe dicht erfüllenden Körnchen eiweißartiger und fettiger Natur, zerlegbar in eine glasartig durchsichtige Grundsubstanz, welche die zähflüssige Beschaffenheit hat, die dem Protoplasma als Ganzem zukommt, und in die zahlreich eingebetteten Körnchen. Dieses Protoplasma stellt einen kugligen Klumpen dar, der durch die ihm eigene Konsistenz in sich selbst zusammengehalten wird. Er ist meist in verschiedenen Tiefen etwas verschieden konsistent, die Menge der ihn erfüllenden Körnchen pflegt in verschiedenen Schichten zu variieren, namentlich besteht die alleräußerste Schicht öfter nur aus der homogenen, glasartig durchsichtigen Grundmasse des Protoplasma, aber eine vom Protoplasma chemisch differente Membran besitzen diese Zellen nicht. Sie sind hüllenlose Klümpchen Protoplasma mit Kern.

Remak[20]) hat sich einst große Mühe gegeben, an den Furchungszellen des Froscheies eine Membran zu demonstrieren. Es gelang ihm, durch Anwendung einer eigentümlichen, aus Spiritus, Holzessig und Kupfervitriol zusammengesetzten Erhärtungsflüssigkeit von der Oberfläche der Furchungskugeln eine durchsichtige Schicht abzuheben, welche er für eine vom Protoplasma chemisch differente Membran hielt. Ich selbst habe bei Wiederholung dieser Versuche an Neunaugeneiern[21]), [10] welche gleich den Froscheiern einem totalen Furchungsprozeß unterworfen sind, solche membranöse Bildungen abheben zu können geglaubt und mich für die Remaksche Ansicht ausgesprochen. Neuere Versuche haben mir jedoch die Beweiskraft dieser Methode sehr zweifelhaft gemacht. Wäre eine chemisch differente Membran an der Oberfläche der Furchungszellen vorhanden, so müßte sie sich noch auf ganz anderem Wege als durch die von Remak gebrauchten plötzlich wirkenden Erhärtungsmittel nachweisen lassen, was nicht der Fall ist. Die Ursache der Täuschung, nicht nur bei den Furchungskugeln, sondern auch bei späteren Generationen

---

20) Untersuchungen über die Entwicklung der Wirbeltiere. Berlin 1855. Fol. S.

21) Die Entwicklungsgeschichte von *Petromyzon Planeri*, in den Naturkundige Verhandelingen te Haarlem. Bd. XII. 1856. 4. S. 5 u. 10. Auch als besonderer Abdruck ausgegeben.

von Embryonalzellen, wie z. B. den von Remak auf Taf. XI· Fig. 5, 6, 17 in dem eben angeführten Werke abgebildeten, welche ich als für membranlos halte, beruht in der Beschaffenheit des Protoplasmas. Dasselbe besteht, wie angeführt, aus einer hyalinen, dickschleimigen Grundsubstanz und aus eingebetteten Körnchen. Letztere fehlen oft in der äußersten Rinde, und es kann dadurch der Anschein einer Membran entstehen. Unter dem Einfluß von Wasser oder anderen das Aufquellen begünstigenden Reagentien schwillt diese Grundsubstanz an und tritt wie blasenartig über den körnerreichen Teil hervor. So muß ich nach meinen Erfahrungen die Remakschen Abbildungen erklären. Remak selbst gibt zu (a. a. O. S. 173), daß das Aufblähen oft den Eindruck mache, als sei es nicht die Membran allein, sondern auch das Protoplasma, von welchem erstere noch nicht scharf zu scheiden. So gewiß es ist, daß sich zu irendeiner Zeit einmal die äußerste Protoplasmaschicht zu einer chemisch differenten Membran umgestalten kann, ebenso sicher scheint es mir, daß während der Zeit, wo die Zellen noch als Ganzes sich durch Teilung vermehren, keine chemisch differente Membran da sei. Ich halte dafür, daß dieser Satz, wie er den Botanikern, welche den Primordialschlauch nicht für eine besondere, vom [11] Protoplasma differente Membran halten, was wohl, beiläufig gesagt, kaum im Ernste mehr von irgendjemand geschieht, für ausgemacht gilt, auch für die tierische Gewebelehre ein Fundamentalsatz werde. In demselben Sinne wie ich hat sich A. Ecker Remak gegenüber, wie ich aus des letzteren Werk entnehme, ausgesprochen und dabei auf die kontraktilen Eizellen der Planarien verwiesen. Zweifellos sind auch diese letzteren nackte Protoplasmaklümpchen, durchaus vergleichbar den Amöben, deren vielen ich auch, trotz Auerbach's Versuchen mit Alkohol[22]), eine Membran absprechen muß, wie unter anderen auch Kühne bei Gelegenheit der Mitteilung seiner wichtigen Reizversuche an Amöben[23]) tut.

Die Bestandteile der Furchungszellen waren also nach obigem Kern und Protoplasma, und so gestaltet sich unsere Definition dessen, was man eine Zelle zu nennen habe, folgendermaßen: Eine Zelle ist ein Klümpchen Protoplasma, in dessen Innerem

---

22) Zeitschr. f. wiss. Zoologie. Bd. 7. S. 414.
23) Dieses Archiv, Jahrg. 1859. S. 820.

ein Kern liegt.[24]) Der Kern sowohl als das Protoplasma sind Teilprodukte der gleichen Bestandteile einer anderen Zelle. Dies haben wir hinzuzufügen, um den Begriff des Kernes und der Zelle anderen möglicherweise ähnlich aussehenden Gebilden gegenüber festzuhalten.

Die Zelle führt ein sozusagen in sich abgeschlossenes Leben, dessen Träger wieder vorzugsweise das Protoplasma ist, obgleich auch dem Kern jedenfalls eine bedeutende, freilich bis jetzt nicht näher zu bezeichnende Rolle zufällt.

Das Protoplasma ist zunächst, und das ist besonders fest-[12] zuhalten, nach außen durch nichts weiter abgeschlossen als durch seine eigentümliche, von der der umgebenden wässrigen Flüssigkeit verschiedene Konsistenz – es mischt sich nicht mit Wasser – und ferner durch sein, wenn ich so sagen darf, zentripetales Leben, durch die Eigentümlichkeit, mit dem Kern ein Ganzes zu bilden, in einer gewissen Abhängigkeit von demselben zu stehen. So vermag sich ohne Membran die Zelle äußeren Einflüssen gegenüber bis zu einem gewissen Grade selbständig zu erhalten. Dicht aneinander liegende derartige Zellen, wie die Furchungskugeln, welche von der gemeinschaftlichen Eihaut umschlossen in inniger Berührung bleiben, fließen nicht unter einander zusammen, trotzdem das Protoplasma der einen an das der anderen stößt.

Es kann aber eintreten, daß ein solches Zusammenfließen benachbarter hüllenloser Zellen zustande kommt, daß sich Zellenmassen zu einem großen Klumpen Protoplasmasubstanz vereinigen, in dessen Innerem nur die Zahl der Kerne, die der früher dagewesenen selbständigen Zellen andeutet. Es sind solcher Beispiele aus den früheren Zeiten des Embryonallebens mehrere bekannt, zum Teil freilich unsicher durch die abweichenden Angaben verschiedener Beobachter. Ich habe ein unzweifelhaftes derartiges Faktum während der Entwicklung *Planaria lacten* und *torva* innerhalb der Eikapsel beobachtet.

---

[24]) Hier ist anzuführen, daß auch Leydig in seinem Handbuche der Histologie S. 9 die Zellmembran, welche ich für etwas ganz Unwesentliches bei Feststellung des Begriffes Zelle halte, aus seiner Definition der Zelle wegläßt, indem er sagt: „Zum morphologischen Begriff einer Zelle gehört eine mehr oder minder weiche Substanz, ursprünglich der Kugelgestalt sich nähernd, die einen zentralen Körper einschließt, welcher Kern heißt. Die Zellsubstanz erhärtet häufig zu einer mehr oder weniger selbständigen Grenzschicht, der Membran.“

Und täuscht mich nicht alles, so werden hierher gehörige Fälle zahlreich aufgefunden werden, namentlich im Bereiche der Entwicklung der Bindesubstanzen, der durch Anwesenheit größerer Mengen sogenannter Interzellularsubstanz ausgezeichneten Gewebe. Wie ich schon in meiner Schrift über die Retina[25]) angeführt habe und jetzt durch zahlreichere Beispiele belegen kann, entsteht sicher der größte Teil der sogenannten Interzellularsubstanzen aus umgewandelter Zellsubstanz, d. h. aus Protoplasma, nicht als Sekret oder äußere Auflagerung auf die [13] Zelle, wie dies in neuerer Zeit fast allgemein geglaubt wird, sondern ganz im Sinne Schwanns durch Umwandlung des Protoplasmas. Ich muß es mir auf eine andere Gelegenheit versparen, meine hierauf bezüglichen Beobachtungen beizubringen, und erwähne hier nur, daß ich Remaks[26]) und Fürstenbergs[27]), den beregten Gegenstand betreffende, zu wenig beachtete Beobachtungen im wesentlichen bestätigen kann, nach welchen es möglich ist, entweder schon im frischen Zustande oder durch Mazeration an manchen Knochen und Knorpeln die Grenzen der Zellen, welche nur durch allmähliche Ausbildung von aus dem Protoplasma hervorgehenden Verdickungsschichten von einander geschieden sind, geradeso wie in einem verholzten Pflanzenzellgewebe zu erkennen.

Es gibt aber Bindesubstanzen, bei denen eine künstliche Zerlegung in primäre Zellen auf keine Weise gelingt. Bei solchen konmt, wie dies neuerdings namentlich wieder von Baur[28]) für das fibrilläre Bindegewebe behauptet worden, während ihrer Entwicklung ein Zustand vor, wo nichts als ein ursprünglich homogenes, dann fibrilläres sogenanntes Blastem mit Kernen in bestimmten Abständen gefunden wird. Baur ist bei seiner im wesentlichen ganz richtigen Darstellung nur in denselben Fehler wie Welcker in seiner Muskelarbeit verfallen, daß er die Kerne für Zellen, „Bildungszellen des Bindegewebes“, wie er sie nennt, gehalten. Der genannte Zustand des jungen Bindegewebes ist so zu deuten, daß die allmählich sich fibrillär umwandelnde Grundsubstanz das Protoplasma wandlungsloser und bis zur Verschmelzung genäherter Em-

25) Observationes de retinae structura penitiori. Bonn 1859, p. 17.
26) Dieses Archiv Jahrg. 1852. S. 68.
27) Ebenda Jahrg. 1857. S. 1.
28) Die Entwickelung der Bindesubstanzen. Tübingen 1858.

bryonalzellen sei. Aber wie bei der Entwicklung der Muskelfasern Spuren unveränderten Protoplasmas zwischen den Fibrillen übrig bleiben und sich namentlich um die Kerne ansammeln, so bleibt auch bei den Zellen, deren Protoplasma sich in fibrilläres Bindegewebe umwandelt, außer den Kernen noch ein wenig unverändertes Protoplasma übrig, welches erstere in freilich oft nur sehr geringer Menge umgibt. [14] Das sind die gleich den Muskelkörperchen wandungslosen Bindegewebs- oder Sehnenkörperchen.

Wie vollständig die Mischung des Protoplasmas der verschiedenen bei diesem Verschmelzungsprozeß konkurrierenden Zellen gewesen, soll nicht untersucht werden. Auch in dieser Beziehung werden gradweise Verschiedenheiten vorkommen. Vielleicht übt auch der Kern auf das ihn zunächst umgebende Protoplasma eine solche Anziehung aus, daß trotz äußerlicher Verschmelzung der Protoplasmaklümpchen jeder Kern eine Schicht des ihm ursprünglich eigenen Protoplasmas behält und somit trotz der Verschmelzung wenigstens gewisse Teile des Protoplasmas ihre ursprüngliche Lage und Beziehung zu ihrem Kern behalten.

Gewebe, gebildet aus zum Teil membranlosen Zellen, die auf dem Punkte stehen, untereinander zu verschmelzen, kommen bei niederen Organismen mehrfach vor. Ich glaube nicht anzustoßen, wenn ich die Körpersubstanz der Süßwasserpolypen, das Gewebe mancher Spongien hierherrechne. Die Zellen haben ihre Selbständigkeit zwar noch bewahrt, aber es fehlt wenig, daß sie teilweise zusammenfließen. Die außerordentliche Schwierigkeit, sie zu isolieren oder nur die Zellengrenzen zu erkennen, was im frischen Zustande bei größter Aufmerksamkeit und mit den besten Vergrößerungen oft nicht gelingt, die Eigentümlichkeit, durch Zerzupfen in Gruppen isoliert gerade eben solche amöbenartige Bewegungen auszuführen,[29] wie es einzelne Zellen tun, spricht entschieden mindestens für eine Annäherung an den Zustand der Verschmelzung, wie wir ihn bei anderen Organismen wirklich finden. So deute ich die kontraktile Substanz der Schleimpilze, *Myxomyceten* (*Mycetozoen* de Bary), welche von de Bary[30] mit großen Amöben nicht nur verglichen, sondern geradezu identifiziert wur-

---

[29] Vgl. A. Ecker: Zeitschr. f. wiss. Zoologie. Bd. 1. S. 218.
[30] Zeitschr. f. wiss. Zoologie. Bd. X. S. 88.

den, als aus zahlreichen verschmolzenen hüllenlosen Zellen hervorgegangene Protoplasmamasse. Was de Bary von der feineren Struktur und den Bewegungserscheinungen von *Aethalium septicum* aussagt, kann [15] ich nach eigenen wiederholten Beobachtungen vollständig bestätigen. Besondere Zellenabteilungen, wie in der Körpermasse von *Hydra*, existieren in den oft mehrere Quadratzoll einnehmenden Protoplasmaklumpen nicht, denn die Körnchen fließen auf weite Strecken hin und her, was doch nicht möglich wäre, wenn auch nur die geringste Andeutung von Abgrenzung einzelner Zellen vorhanden wäre. Wir haben es hier, wie es scheint, mit einer ebenso gleichförmig gemischten Protoplasmasubstanz zu tun, wie wenn die ganze Masse eine einzige Zelle repräsentierte. Auch die beiden Bestandteile, hyaline Grundsubstanz und eingebettete Körnchen, unterscheidet man leicht, da, wie bei vielen Zellen, die hyaline Grundsubstanz eine oft ansehnlich breite Rindenschicht bildet. Daß aber unter Umständen auch hier trotz der unleugbaren Homogenität der großen kontraktilen Gebilde eine Zerspaltung in einzelnen Zellen wieder eintreten kann, lehrt de Barys Beobachtung, nach welcher die amöbenartige Masse bei sehr allmählichem Eintrocknen langsam in zahllose runde, hartwandige, zellige Gebilde übergeht,[31] in welchem Zustande sie die Trockenheit lange Zeit überdauert.

Daß ferner echte kleine Amöben des süßen oder salzigen Wassers, die kaum anders denn als einzellige Organismen, als zu vollständig individuellem Leben erhobene Protoplasmaklümpchen (mit Kern und allen Eigentümlichkeiten einer Zelle) gedeutet werden können, öfter zu zweien miteinander verschmelzen, ist neuerdings von Kühne[32] bestätigt worden. Daß dies nicht in allen Fällen und bei allen Spezies gleich leicht geschieht, kann uns nicht Wunder nehmen, wenn wir die Verschiedenheit in Konsistenz und Resistenz, welche die kontraktile Protoplasmasubstanz der Rhizopoden bildet, in Betracht ziehen. Ich sage die Protoplasmasubstanz der Rhizopoden und bin damit auf ein Gebiet geraten, auf welchem eine Verständigung im Ausdrucke und in den Anschauungen sehr not tut. Es würde uns von unserem Thema zu [16]

---

[31]) A. a. O. S. 133.

[32]) Dieses Archiv, 1859. S. 337.

weit abführen, wenn ich hier ausführlich auf die Organisation der Rhizopoden eingehen wollte. Doch da wir vom Protoplasma und seinen Eigenschaften sprechen, halte ich es für vorteilhaft, einen Augenblick bei den Organisationsverhältnissen der genannten Geschöpfe zu verweilen, welche uns höchst auffallende Lebenserscheinungen des Protoplasmas offenbaren. Es handelt sich um nichts weniger, als um eine endliche Lösung der Frage, was eigentlich die ungeformte kontraktile Substanz der Protozoen sei. Das Wort Sarkode ist mit Recht in Mißkredit gefallen durch den viel zu weiten Gebrauch, den, Dujardin an der Spitze, viele Forscher von demselben gemacht haben. Es ist, um Mißverständnisse zu vermeiden, wünschenswert, daß es nicht weiter gebraucht werde. Dennoch ist es Dujardin als Verdienst anzurechnen, daß er ein Wort für eine Substanz erfand, welche im wesentlichen in derselben Weise existiert, wie er sie sich vorstellte. Eine kontraktile Substanz, welche nicht mehr in Zellen zerlegt werden kann, auch andere kontraktile Formelemente, als Fasern und dergleichen, nicht mehr enthält. Eine solche Substanz ist das Protoplasma der Zellen, der Inhalt pflanzlicher und tierischer Zellen, nicht der verwässerte, tropfbar flüssige Teil, wie er in großen namentlich Pflanzenzellen, den größten Teil des Zellenraumes ausfüllt, sondern die zähflüssige, schleimige, mit Körnchen dicht erfüllte Masse, welche wenigstens um den Kern herum und an der inneren Oberfläche der Zellwand stets vorhanden ist und in diesem Falle meist noch vielfache, fadenartig ausgezogene Stränge zur Verbindung entfernterer Teile bildet. In den meisten tierischen, namentlich bei allen kleinen, jungen oder auch bei großen Zellen, wenn denselben besonders wichtige Leistungen obliegen, wie Furchungszellen, Ganglienzellen u. a. erfüllt das kontraktile Protoplasma die ganze Zellhöhle oder, da solche Zellen meist keine Membran haben, also von einer Zellenhöhle nicht die Rede sein kann, bildet vielmehr die ganze Zelle. Wie ich an einem anderen Orte bereits angedeutet habe,[33]) kann nach den Beobachtungen der [17] Protoplasmabewegungen im Inneren der Zellen, z. B. derjenigen der Staubfadenhaare von *Tradescantia*, kaum ein Zweifel darüber obwalten, daß wir es hier mit einer in demselben Sinne kontraktilen Substanz zu tun haben, wie sie

[33]) Dieses Archiv. Jahrg. 1858. S. 337.

den Körper vieler Rhizopoden bildet. Daß sich schon Botaniker (Ferd. Cohn, Unger) in ähnlichem Sinne ausgesprochen haben, führte ich dort an. Die Beweise für die Verwandtschaft beider Substanzen haben sich bei fortgesetzt auf diesen Punkt gerichteten eigenen Beobachtungen nur gemehrt. Auch von anderer Seite sind mir Beiträge zur Stütze für diese meine Überzeugung gegeben und weitere versprochen worden, und führe ich nur an, daß W. Kühne, der zu naheliegender Vervollständigung seiner wichtigen Untersuchungen über das Verhalten der Infusorienmuskeln und Amöbensubstanz mit denselben Mitteln, wie er sie anwandte, auch die Protoplasmabewegungen der Pflanzenzellen näher studiert hat, bereits zu Resultaten gekommen ist, welche der ausgesprochenen Ansicht günstig sind, und über welche wir hoffentlich bald das Nähere erfahren werden.

Also an Stelle des Wortes Sarkode tritt das Wort Protoplasma, und da wir mit letzterem einen ganz bestimmten Begriff verbinden, was mit ersterem nie gelungen war, so ist der Vorteil kein geringer. Wie hüllenlose, nur aus Protoplasma und Kern bestehende Zellen während ihres Lebens ganz gewöhnlich amöbenartige Bewegungen ausführen, auch wenn sie Teile eines anderen Organismus sind, oder wie das Protoplasma im Inneren starrwandiger Zellen, wo äußere Gestaltsveränderungen nicht mehr möglich sind, höchst komplizierte selbständige Bewegungen ausführen kann; so dürfen wir uns nicht wundern, wenn diese Bewegungen noch lebhafter zutage treten an Zellen, die einzeln oder zu wenigen zusammengeschmolzen einen ganzen Organismus repräsentieren, der sich seine Nahrung selbst suchen muß und alle die zum Leben nötigen Variationen des Stoffwechsels, welche sonst an bestimmte Zellengruppen verteilt sind, in sich ganz allein durchzumachen hat. So ist es mit den Amöben, so ist es mit allen auch den kompliziertesten Formen der *Polythalamien* und [18] *Radiolarien*. Die bewegliche, in Form feiner Fäden ausstreckbare Masse, welche die Rindensubstanz des Körpers dieser Tiere bildet, welche ich so ausführlich bei den einkammerigen und vielkammerigen *Rhizopoden*, den *Monothalamien* und den *Polythalamien* beschrieben habe und in Ermangelung eines besseren Namens Sarkode nennen mußte,[34]) wird künftig

[34]) Ueber den Organismus der Polythalamien. 1854. S. 19.

den Namen Protoplasma führen müssen. Die Organismen sind nackte, mit durchlöcherten Schalen (wenn man will Zellmembranen, etwa der dicken *Zona pellucida* der Eizelle analog) umhüllte Protoplasmaklümpchen, entweder aus einer oder aus der Verschmelzung mehrerer Zellen hervorgegangen, was bei verschiedenen Arten verschieden sein wird[35]). In ihnen hat sich eine meist gefärbte, festere, ruhende, innere Partie von einer ungefärbten, besonders beweglichen Rindenschicht geschieden, wie dies bei vielen kleinen Rhizopoden, Amöben, *Actinophrys* u. a. auch schon angedeutet ist. Die Rindenschicht tritt durch die Löcher der Schale in Form feiner Fäden überall hervor. Diese sind nackte Protoplasmafäden. Sie mischen sich ebensowenig mit dem Wasser, wie die Fäden des Protoplasma der Tradescantiazelle sich mit dem umgebenden wäßrigen Zelleninhalte mischen. Wo sie aneinanderstoßen, fließen sie zusammen. Dieses, oft bezweifelte, geradezu für unmöglich erklärte Faktum, welches doch so überaus klar zu beobachten ist, verliert alles Rätselhafte, wenn wir den Maßstab, welchen wir an die Beurteilung der Eigentümlichkeiten des Protoplasma anlegen, auch hier benutzen. Manche Spezies zeichnen sich durch ein weicheres, zerfließlicheres Protoplasma vor anderen aus. Wie es lebhafte Amöben (*A. diffluens*) und träge, äußerst langsam kriechende gibt, bei ersteren die Rindensubstanz feinkörnig und sehr vergänglich, bei letzteren ganz hyalin und gegen Säuren und Alkalien verhältnismäßig resistent ist, so gibt es auch bei den größeren Rhizopoden Verschiedenheiten der Art im beweglichen Protoplasma. Am auffallendsten tritt die Verschiedenheit in der Substanz der Fäden bei den beiden von [19] mir beschriebenen Gromien hervor, *Gr. oviformis* und *Gr. Dujardinii*. Letztere, welche auch im Meere um Helgoland sehr häufig ist, wird eine Pein für den wartenden Beobachter, welcher gern das Spiel der Fäden sehen möchte. Die Bewegung des hier ganz hyalinen, fast starren, gegen Säuren und Alkalien sehr resistenten Protoplasma ist ungemein langsam,[36]) und die bei *Gromia oviformis* so auffallende Neigung der Fäden zum Zusammenfließen fehlt hier ganz. Ich führe das nur an, um an unzweifelhaften Fällen

---

[35]) Vgl. meinen Aufsatz in dem Archiv für Naturgeschichte, herausgegeben v. Troschel. Jahrg. 1860. S. 287.

[36]) Vergleiche meine Schrift über die Polythalamien S. 18, 19, 55.

von nacktem Protoplasma wieder Verschiedenheiten in Bewegung, Konsistenz, chemischer Beschaffenheit und Neigung zum Zusammenfließen mit anstoßender gleicher Substanz nachzuweisen, auf welche Verschiedenheiten wir bei nackten Zellen der Gewebe höherer Tiere auch stoßen. Man hat sich, worauf ich wiederholt aufmerksam mache, das Protoplasma nicht als eine so sehr leicht zerfließliche Substanz zu denken, aus welcher Zerfließbarkeit man die Notwendigkeit einer Membran bei allen Zellen demonstrieren könnte. Das Protoplasma hat, namentlich wo es in dichten Massen, wie in den Furchungszellen oder in den großen Ganglienzellen des Hirns und Rückenmarkes auftritt, eine ansehnliche Widerstandskraft gegen äußere Einflüsse. Allerdings lassen sich solche Zellen, wie die letztgenannten Ganglienzellen, welche ich auch (vergl. meine Schrift über die Retina) für wandungslose Protoplasmamassen halte, schwer aus ihrer Umgebung herauspräparieren, wenn sie nicht vorher erhärtet worden, zumal sie nach dem Tode recht leicht zerfließen, aber während des Lebens braucht man um die nackten Dinger im Hirn nicht besorgt zu sein. Ihre eigene Konsistenz und die merkwürdig feine, maschige und zähe Bindesubstanz in der Umgebung schützen hier genugsam.

Aber noch ein Wort über die Rhizopodensubstanz. Mit der, wie mir scheint, unabweislichen Annahme, daß sie Protoplasma sei, fallen natürlich alle die Versuche, in dieselbe eine höhere Organisation hineinzudemonstrieren. Auf Ehrenbergs abweichende Ansichten einzugehen, wird man mir an [20] diesem Orte wohl erlassen, Reicherts[37]) und Leydigs[38]) Betrachtungen über möglicherweise in der Substanz der Polytalamienfäden enthaltene kleine Zellen erhalten eine bestimmte Widerlegung, wenn nachgewiesen wird, daß die Substanz derselben Protoplasma oder Zelleninhaltssubstanz ist. So, wie tüchtige Histiologen sich auf das Entschiedenste widersetzt haben, die Gebilde, welche in dem Protoplasma der *Chara*-Zellen schwimmen, als Zellen anzuerkennen, weil Protoplasma nicht noch wieder Zellen enthalten kann, ebenso, sage ich, gibt es in dem Körper der *Rhizopoden* – so weit derselbe aus kontraktilem Protoplasma besteht – keine eingebetteten Zellen,

[37]) Dieses Archiv Jahrg. 1857. Jahresbericht, S. 4, 5.
[38]) Lehrbuch der Histologie. S. 16.

Kerne vielleicht genug, Bläschen aller Art mit und ohne Farbstoff usw., aber Zellen nur *potentia*, indem möglicherweise die bewegliche Protoplasmasubstanz nicht einer Zelle ihren Ursprung verdanke, sondern vielen wandungslosen und untereinander zu einer homogenen Masse verschmolzenen. Was dagegen den festeren Kern der *Rhizopoden* oder die Marksubstanz betrifft, so bleibt die Möglichkeit, hier einzelne unverschmolzene Zellen nachzuweisen, offen. Man könnte sich denken, daß ein dichter Klumpen kleiner Zellen in verschiedenen Schichten eine solche Verschiedenheit besitzt, daß die Rindenzellen alle untereinander zu einer beweglichen Protoplasmamasse verschmelzen, dem gemeinsamen Mutterboden für die peripherisch auszustreckenden Fäden, während die folgenden Zellen nach der Tiefe zu gradweise immer mehr ihre Selbständigkeit gewahrt haben, endlich im Zentrum noch wahre Zellen einzeln nebeneinander liegen und vielleicht gar bestimmte Organsysteme bilden. Warten wir ab, was neue Beobachtungen in dieser Beziehung bringen. Bei den Radiolarien scheint, den Untersuchungen E. Häckels zufolge,[39]) so etwas vorzukommen. – Wir sind etwas ausführlicher geworden, als für unseren Zweck, über die Bedeutung der Muskelkörperchen ins klare zu kommen, notwendig erschienen sein wird. Worauf es uns [21] ankam, war, nachzuweisen, daß hüllenlose Protoplasmamassen in der Natur eine große Rolle spielen und daß zum Begriff einer Zelle nicht notwendig eine Membran gehöre. Wir sind zu dem Resultate gekommen, daß recht wichtige, ja die wichtigsten unter allen Zellen membranlos seien, daß sie nur aus einem Kern und einem Häufchen Protoplasma rings um denselben bestehen, und ich möchte jetzt hinzufügen, daß man sogar die Behauptung verteidigen könnte, die Bildung einer chemisch differenten Membran auf der Oberfläche des Protoplasma sei ein Zeichen beginnenden Rückschrittes, die Zellmembran gehöre so wenig zum Begriff seiner Zelle, daß sie sogar als Zeichen herannahender Dekrepidität oder doch wenigstens eines Stadiums zu betrachten sei, auf welchem die Zelle in den ihr ursprünglich zukommenden Lebenstätigkeiten bereits eine bedeutende Einschränkung erlitten habe. Ich erinnere

---

39) Tageblatt der Naturforscher-Versammlung in Königsberg im September 1860, S. 19.

nur an das eine, daß eine Zelle mit Membran als Ganzes sich nicht mehr teilen kann. Nur das in die Membran eingeschlossene Protoplasma teilt sich, wie z. B. bei den Knorpelzellen.[40]) Dadurch ist natürlich der Zelle in Betreff der Gewebebildung bereits eine nicht unwichtige Schranke gezogen. Weiß sich das Protoplasma aus dem engen Gefängnis der einschließenden Membran wieder zu befreien, wie das z. B. bei der Verknöcherung durch Aufbruch der Knorpelhöhlen nach Resorption der Grundsubstanz geschieht, dann geht das alte Leben wieder lustig los. Teilung folgt auf Teilung, eine Gruppe der jungen Brut wird Mark, eine andere Bindegewebe und Blutgefäßgewebe, eine dritte verdichtet sich in ihrer Rinde zu der Knochengrundsubstanz, während in den sternförmigen Höhlen das Protoplasma und die Kerne wieder in den gesetzten, ruhigen, nur dem Stoffwechsel dienenden Gang zurückkehren, den früher die Knorpelzellen schon eingeschlagen hatten. Eine Zelle mit einer vom Protoplasma chemisch differenten Membran ist wie ein enzystiertes Infusorium, wie ein gefangenes Ungetüm. Dem unbefruchteten Eie vergleichbar kann sich das Protoplasma innerhalb der [22] starren Membran wohl einige Male teilen, aber der Prozeß bleibt auf den minimalen Raum beschränkt und läuft ohne allen Einfluß auf die Umgebung ab. Doch laßt das ungestüm sich teilende, von dem noch ungestümeren Kerne stets von neuem angestachelte Protoplasma seine Hülle sprengen oder nehmt sie ihm durch Resorption, oder macht sie wie die *Zona pellucida* des befruchteten Säugetieres auf irgendeine Weise unschädlich – und das entfesselte Protoplasma wird zu manches Schrecken von seiner Freiheit Gebrauch machen.

Auch bis in ihr Alter können Zellen ganz oder nur stellenweise membranlos bleiben. Brückes Angaben über die Epithelzellen des Darmes, nach welchen an der freien Fläche derselben das Protoplasma nackt bloßliegt, jedoch ausgezeichnet durch eigentümliche stäbchenförmige Aufsätze, die sogenannte Membran mit Porenkanälen halte auch ich für richtig und finde bei manchen anderen Epithelzellen etwas Analoges.

Doch wie werden wir es nun mit den Muskelkörperchen zu halten haben? Verdienen sie den Namen von Zellen?

---

[40]) Daß dem bei den Pflanzen gerade so sei, bestätigen die, wie es scheint, sehr genauen Untersuchungen von Dippel, „Beiträge zur vegetabilischen Zellenbildung", Leipzig 1858.

Ihr Kern ist Teilprodukt des Kernes, der embryonalen Muskelzelle. Ihr Protoplasma ist ein Teil des ursprünglichen Zellenprotoplasmas. Ihre Lebenserscheinungen sind, so weit bekannt, der Art, daß wir ihnen eine hohe Bedeutung zuschreiben müssen. Wir kennen ihre Teilnahme an krankhaften Prozessen z. B. der fettigen Metamorphose der Muskeln, wir wissen, daß sie bei Entzündungen, bei Pseudoplasma, die sich in den Muskeln entwickeln, zu einer lebhaften Fortpflanzung fähig sind, daß ihre Kerne sich vielleicht teilen und eine Teilung des Protoplasma um diese Kerne zur Bildung neuer Zellen eintritt, die nun ungleich ihrer Erzeugerin, weil meist zu schnellem Untergange verurteilt, auch besondere Membranen bekommen. Was kann uns also abhalten, in den Muskelkörperchen wirkliche Zellen anzuerkennen?! In der Tat, es hieße die Folgerichtigkeit der ganzen obigen Auseinandersetzung ableugnen, wenn wir uns sträuben wollten, den Muskelkörperchen die Bedeutung zuzugestehen, welche ihnen nach Genese, Bestandteilen und Leistungen, [23] wie mir scheint, nicht nur ungezwungen, sondern selbstverständlich zufällt. Daß sie keine besondere Membran haben, darf nach allem Vorausgegangenen gegen die Zellennatur nicht geltend gemacht werden, und daß sie mit den interfibrillären Protoplasmaresten überall in Zusammenhang stehen, indem sie selbst ja nur Teile desselben darstellen, kann auch keinen Gegengrund abgeben, so wenig als es jemandem, der dem Gange unserer Betrachtungen gefolgt ist, einfallen wird, die kernlosen, spindelförmigen Protoplasmaanhäufungen zwischen den Fibrillen mit dem Namen Zellen zu belegen. Zum Begriff einer Zelle gehört zweierlei, ein Kern und Protoplasma, und beides muß Teilprodukt der gleichen Bestandteile einer anderen Zelle sein. Beide Bestandteile sind gleich wichtig, ein Schwinden des einen wie des anderen zerstört den Begriff der Zelle. Wenn die gefärbten Blutscheibchen des Säugetier- und Menschenblutes früher auch einen Kern besaßen, so können sie doch später auf den Namen Zelle keinen Anspruch mehr machen, da ihnen der Kern fehlt und sie durch diesen Mangel mindestens einer der charakteristischsten Eigenschaften des Zellenlebens, der Fortpflanzungsfähigkeit, verlustig gegangen sind.[41]) Ebenso wird ein nackter Kern, wie er möglicherweise

[41]) Sie haben aber auch kein Protoplasma mehr, denn die in Wasser

mal nach Resorption oder anderweitiger Verwendung des Protoplasma im Muskelprimitivbündel übrig bleiben und abgeschlossen liegenbleiben könnte, nie Zelle heißen dürfen. Zum Kern muß, ich wiederhole es, das Protoplasma kommen. Und wenn sich dann noch, wie in den Muskeln, die Fortpflanzungsfähigkeit nachweisen läßt, so ist der Begriff der Zelle unumstößlich fest begründet.

Wir sind vorzugsweise durch die Botaniker, denen unstreitig das Verdienst zukommt, die Lehre von den einzelnen Bestandteilen und den möglichen Metamorphosen der Zellen viel sorgsamer ausgebildet zu haben, als es bis jetzt in der tierischen Gewebelehre geschehen ist, zu der Annahme gekommen, als gehöre zum Begriff der Zelle die Bläschennatur. Das ist [24] für die Pflanzengewebe insofern auch ganz richtig, als dort die Zellen verhältnismäßig sehr früh eine Membran bekommen und sobald sie sich zu Geweben verbinden, immer haben. Daher aber auch die verhältnismäßig große Einfachheit der Pflanzengewebe, indem überall auch bei den kompliziertesten Innenveränderungen des Protoplasmas, sich die primären Membranen meist auf den ersten Blick erkennen lassen. Anders ist es in dem Tierkörper. Hier verbinden sich mehr membranlose Zellen zu Geweben – und das ist die Hauptverschiedenheit zwischen pflanzlichen und tierischen Geweben. Auf dieser Tatsache beruht die ganze Schwierigkeit der Deutung vieler der letzteren. So lange wir in dem Vorurteil befangen bleiben, als sei die Membran, die zum Begriff des Bläschens gehört, auch für die Zelle notwendig, werden wir nur geringe Fortschritte in der Erkenntnis des Zellenlebens und der Zellenmetamorphosen beim Aufbau der tierischen Gewebe machen.

Befreien wir uns von diesem Vorurteil, so folgt daraus von selbst, daß wir die Anschauung verlassen, als sei der sogenannte Zelleninhalt eine Flüssigkeit. Wäßrig flüssig ist der Zelleninhalt nur in großen, alten, mit unzweifelhafter Membran versehenen, physiologisch wenig wichtigen Zellen, und in diesen dürfte die Verwässerung in den meisten Fällen auch nicht eigentlich das Protoplasma treffen, sondern letzteres wird sich, wie bei den Pflanzenzellen, neben dem aufgenom-

---

lösliche Inhaltssubstanz der Blutscheibchen ist etwas ganz anderes als Protoplasma.

menen Wasser selbständig halten, indem es vor allen Dingen den Kern schützend umhüllt, sich in Form von Fäden durch den Hohlraum der Zelle erstreckt und als dünne Schicht an der inneren Oberfläche der Membran sich verbreitet. In allen jüngeren Zellen aber, und im Tierkörper in den meisten Zellen während des ganzen Lebens, ist der sogenannte Zelleninhalt eine dickflüssigem Schleime vergleichbare, mit Wasser nicht mischbare und in seiner Konsistenz mehr weichem Wachs als Wasser gleichenden Substanz, das Protoplasma allein. Dieses hält sich selbständig ohne einer äußeren, aus noch festerer Substanz gebildeten Membran zu bedürfen. Die Konsistenz des Protoplasma ist [25] der Art, daß sogar eine Isolierbarkeit desselben als Ganzen sehr wohl möglich ist, und bedarf es dazu keiner Membran, wie so oft behauptet worden. Man kann an den Rändern dünner Knorpelschnitte die aus den Knorpelhöhlen herausgefallenen Protoplasmaklümpchen mit Kern, die Knorpelzellen, leicht als selbständige Gebilde isolieren, namentlich wenn man die Untersuchung in *Humor aqueus* vornimmt, um die Integrität der chemischen Beschaffenheit des Protoplasmas länger zu erhalten, die sich beim Aufenthalt in Wasser früher oder später, meist natürlich sehr schnell, verliert. Man kann die Protoplasmaklümpchen mit Kern aus den Lücken zwischen den Bindegewebsbündeln schon im frischen Zustande, viel leichter natürlich nach längerem Kochen, durch welches das Protoplasma sich verdichtet, die Grundsubstanz sich erweicht, isolieren, ohne daraus im geringsten den Beweis einer besonderen Membran entnehmen zu dürfen. Daß bei der teilweisen Umwandlung des Protoplasmas in Grund- oder Parietalsubstanz (wie Remak die Knorpelgrundsubstanz nicht übel nennt), die primären, sekundären und tertiären Schichten gewisse geringe chemische Verschiedenheiten zeigen können, wird um so weniger geleugnet werden dürfen, als bei den Pflanzenzellen dergleichen sehr gewöhnlich vorkommt, und die konzentrischen Ringe um die Zellen und Zellengruppen, die man an manchen Knorpeln findet, wie Gegenbaur bei *Limulus* beschreibt,[42]) ich unter anderen sehr schön an den Kopfknorpeln einer in Chromsäure erhärteten *Myxine* sah, endlich die sogenannten Knorpelkapseln mit Bestimmtheit darauf deuten. Wenn also

---

[42]) Abhandl. d. naturf. Ges. in Halle. Bd. IV. 1858. S. 238.

beim Mazerieren einer Bindesubstanz in verdünnten Säuren die Protoplasmaklümpchen, die in derselben erhärten, nicht allein, sondern noch mit einer Membrau, im Knorpel z. B. mit der sogenannten Kapsel, umhüllt, frei werden, so beweist das wie schon Fürstenberg[43]) hervorhob nur, daß die letzte der bei der Metamorphose des Protoplasmas äußerlich aus ihm entstandenen Verdickungsschichten von den älteren Verdickungsschichten chemisch verschieden sei.

[26] Wenn wir von der Konsistenz des Protoplasma reden, so haben wir noch ein anderes, sehr verbreitetes Vorurteil zu bekämpfen, nämlich das, als wenn nur eine Anastomose verschiedener Zellen da zu sein brauche, um sogleich ein plasmatisches Gefäßsystem, saftführende Kanäle, in denen eine Zirkulation nach Art der Blutzirkulation vorhanden sei, anzunehmen. Wo wir es mit lebenden Zellen zu tun haben, ist das Protoplasma stets von so dichter Beschaffenheit, daß an eine mit Zirkulationserscheinungen vergleichbare Ortsveränderung nicht zu denken ist. Und weiter besteht ja gerade darin das Charakteristische des Zellenlebens, daß jedes einen Kern umhüllende Protoplasmaklümpchen seine Selbständigkeit nach außen mit einer gewissen Hartnäckigkeit verteidigt, also gerade dem widerstrebt, was von manchem als Hauptfunktion der Muskel- und Bindegewebskörperchen angesehen wird. Daß die Anastomosen ganz gleichgültig seien, will ich nicht behaupten, im Knochen z. B., wo sie am zahlreichsten sind, ist die Zwischensubstanz so hart und vielleicht undurchdringlich, daß hier zur Aufrechterhaltung des Stoffwechsels die Anastomosen möglicherweise absolut notwendig sind. Aber das bestreite ich, daß die Selbständigkeit des Zellenlebens durch die Anastomosen beeinträchtigt werde und daß im normalen Zustande bei voller Integrität der einzelnen Zellen die Verhältnisse auch nur annähernd wie ein plasmatisches Gefäßsystem gedeutet werden dürfen. Ob, wie bei den Pflanzen, wenn die Zellenwände sich unter Ausbildung strahlig auslaufender Porenkanäle verdicken, die Ausläufer benachbarter Zellen – wenn sie direkt aufeinander stoßen, doch noch durch die primäre Zellmembran voneinander geschieden bleiben und es also zu einer wirklichen Anastomose (wenigstens in den bei weitem meisten Fällen) nicht kommt – oder ob die

[43]) Dieses Archiv 1857, S. 12.

primäre Zellwand fehlt,[44]) wie bei den vollständig anastomosierenden [27] Zellen der Cornea oder anderer Bindesubstanzen, wird zwar einen Einfluß haben, aber die Selbständigkeit der Zellen gewiß nur in sehr geringem Grade bedrohen.
So, meine ich nun, sei es auch bei den Muskelkörperchen. Wenn auch feine Protoplasmastränge sich zwischen den Fibrillen hinziehen, welche die einzelnen größeren Protoplasmaanhäufungen mit Kern untereinander verbinden, wenn es auch im einzelnen Falle unmöglich ist, die Grenze dieses oder jenes Muskelkörperchens genau anzugeben, d. h. zu bestimmen, wie weit etwa der Einfluß seines Kernes als Zentrum des Zellenlebens reicht: so haben wir doch Gründe genug, uns dahin zu entscheiden, daß im Inneren des Primitivbündels zwischen den Fibrillen der kontraktilen Substanz ein Zellenleben existiere. Es mag manchem, der an das alte Schema bläschenförmiger, scharf begrenzter, vor allem mit bestimmter Membran versehener Gebilde gewöhnt ist, schwerfallen, unseren Vorstellungen zu folgen, deren Grundlage die Annahme ist, daß zum Begriffe einer Zelle ausschließlich ein nacktes Protoplasmaklümpchen mit Kern gehöre und daß die Membran um dasselbe etwas Sekundäres manchen Zellen zukommendes, anderen Fehlendes, jedenfalls nichts Notwendiges sei. Und mit dem Namen „Zelle", welcher von einem mit deutlicher Wand versehenen Bläschen hergenommen ist, läßt sich vollends unsere Definition, nach welcher wir es nur mit einer soliden Protoplasmakugel mit Kern zu tun haben, nicht vereinen. Doch den Namen beabsichtige ich so wenig zu ändern als die Grundbegriffe über Zellenleben. Was ich für wichtig halte, ist allein das, daß man versuche, sich auf den in Obigem bezeichneten Standpunkt gegenüber der Begriffsbestimmung dessen, was man eine Zelle zu nennen habe, zu stellen und die Entwicklung der Gewebe von den angedeuteten Gesichtspunkten aus zu studieren. Ein erfreulicher und beruhigender Erfolg wird nicht ausbleiben.

---

[44]) Wahrscheinlich deshalb fehlt, weil sie überhaupt nie vorhanden war, indem die Zellen sich aneinander legten, ehe sie deutliche Membranen hatten, was bei den Pflanzen nicht oder nur höchst ausnahmsweise vorkommen dürfte, indem hier vor der eigentlichen Gewebebildung jede Zelle schon ihre dünne Zellulosehaut besitzt.

Verzeichnis

(Fremdwörter, Fachausdrücke und Abkürzungen aller Texte, Übersetzungen fremdsprachiger Zitate)

Abies excelsa = Picea excelsa Fichte
Abieteen alte, nicht mehr gebräuchliche Form für Nadelbäume
abstrahieren abziehen, ableiten (z. B. einen Begriff)
achromatisch durch Kombination von konvexen und konkaven Linsen verschiedener Glassorten korrigierte Lichtbrechung
Actinophrys Sonnentierchen (Heliozoa)
ad libitum nach Belieben
Aerides odorata Orchideenart
Aethalium septicum Schleimpilz
affizieren reizen, anregen
Aggregat Anhäufung, Zusammenfassung von Einzelteilen
Agrion virgo Libelle (kleine Jungfer)
Albumen heute: Endosperm, Nährgewebe des Samens
Aloineen alter Sammelbegriff für Aloe-Arten (Liliengewächse)
Amöba diffluens Amöbe, Wechseltierchen (gehäuseloser Wurzelfüßer)
Amylum Stärke
Analogie Ähnlichkeit
Anastomose Verbindung, bes. zwischen Nerven, Gefäßen etc.
Anthere Staubbeutel
a potiori fit denominatio hauptsächliche Benennung
Apposition Anlagerung, Auflagerung
a priori im vorhinein, von vornherein
Artefakt Kunstprodukt, künstlich hervorgerufene Erscheinung
Assimilation allg.: Angleichung; spez. bot.: Umwandlung anorgan. Stoffe in organische
Atom kleinster chem. Grundstoff (hier noch ohne Kenntnis der Atomtheorie verwendet)
Atrophie Schwund
Autokratie Alleinherrschaft

Blastem Keimsubstanz
Brassovola cordata indische Orchidee
Bulbillen Brutknospen (z. B. in Blattachseln), Brutzwiebeln

C (siehe auch K)
Cambium bei Samenpflanzen Bildungsgewebe zwischen Rinde und Holz zum sek. Dickenwachstum
Cantua Coldasia Himmelsleitergewächse
Cassyta Lorbeerbaumgewächse
Casuarinen Känguruhbaum
Cattleya Forbesii tropische Orchidee
Cerealien Getreide
Chamaedorea schiedeana Bergpalme
Chara vulgaris (Characeen) Armleuchteralge
Chlorophyll Blattgrün
Chorda dorsalis Rückensaite, embryonales Stützorgan der Wirbeltiere unter dem Nervenrohr, später durch die Wirbelsäule ersetzt
Coagulation Ausflockung
Colax Harrisonii Pabstia, Orchideenart
Collomia linearis Leimsaat
Compositi Korbblütler (Compositae)
Conferven veraltete Bezeichnung für grüne, fädige Süßwasseralgen
Cornea Hornhaut des Auges
Cotyledonen Keimblätter

Crassula portulaca fette Henne (Dickblattgewächs)
Cyrtopodium speciossimum Bogenfuß, Farne
Cytoblast Zellenbildner
Cytoblastem Zellenkeimstoff

Daphne alpina Seidelbast
Datura Stramonium Stechapfel
Dekokt Abkochung, Pflanzenauszug durch Kochen
Dekrepidität Altersschwäche, Verfall
deskriptiv beschreibend
Deus ex machina wörtl.: Gott aus der Maschine (Theatergott); unerwartete Lösung
Diaphragma beim Mikroskop: Blende; in Bot. und Zool. poröse Membran, Scheidewand
Dignität Würde, Wert, Rang
Dikotyledonen veraltete Form für Dicotyleae, zweikeimblättrige Pflanzen
Diluierung Verdünnung
Disdiaklasten Doppelbrechendes
Dracocephalum moldavica türkischer Drachenkopf

Elementarteile von der im 18. Jh. begründeten chem. Elementenlehre abgeleitete Vorstellung von der Zusammensetzung der Organismen aus verschiedenartigen Grundelementen
Elymus arenarius Strandhafer
Embryo bei Pfl. Keimling im Samen
Embryosack innerster Teil der Samenanlage
Enchyma tierisches Zellgewebe (von Purkyně geprägter, nicht mehr verwendeter Begriff)
Endosperm Nährgewebe des Pflanzensamens
Epidermis Oberhaut
Epidendron elongatus Orchidee
Epigenese Embryonalentwicklung durch Neubildung der Organe aus gleichförmiger Grundsubstanz
Epithel obere (begrenzende) Gewebeschicht
Euphorbiaceen Wolfsmilchgewächse
Euphorbia pallida Wolfsmilch

Faser (=Fiber) von dem engl. Arzt Francis Glisson (1597–1677) eingeführte Bezeichnung für ein sensibles Grundelement der tierischen Körper, auf das eine ganze Krankheits- und Lebenslehre aufgebaut wurde
Fibrillen kleine Fasern
Fötus (Fetus) entwickelter Embryo der Wirbeltiere
Fritillaria pyrenaica Kaiserkrone (Liliengewächs)

Ganglien Nervenknoten
Gasteria racemosa Gasterie, südafrikan. Liliengewächs mit dickfleischigen Blättern (Sukkulenten)
Gemmen Sporen niederer Pilze
Generatio aequivoca od. spontanea Urzeugung, Entstehung von Organismen aus anorganischen Substanzen
Gorgonia Medusenhaupt, Hohltiere
granulös körnig
Gromia oviformis parasitischer Einzeller
– Dujardinii parasitischer Einzeller

Helvelloideen altertüml. Sammelbezeichnung für Scheibenpilze
Heteromorphie Verschiedengestaltigkeit (in der Min. chem. Stoffe, die in versch. Gestalt kristallisieren können)
Histiologie veraltete Form für Histologie, Gewebelehre
homogen gleichförmig, gleichartig

Hormium pyrenaicum Drachenmaul (Lippenblütler)
Humor aqueus wäßrige Körperflüssigkeit bzw. Pflanzensäfte (alte Bezeichnung aus der antiken Medizin)
hyalin glasig, durchsichtig
Hydrocharis Morsus ranae Froschbißgewächs

Imbibition Durchdringung mit Flüssigkeit
Infusorien alte Sammelgruppe mikroskopisch kleiner Organismen, die Pflanzen und Tiere, Einzeller neben Vielzellern enthielt
interfibrillär zwischen den Fasern
Integrität Unverletzlichkeit
Internodien Stengelteile zwischen den Knoten (Blattansätzen)
Intussuszeption Einlagerung
Interzellularräume Räume zwischen den Zellen

Juxtapositio Anlagerung

Kapillaren feinste Gefäße
Koagulation Gerinnung, Zusammenschrumpfung
kondensieren niederschlagen
konkav hohl, nach innen gekrümmt
Konsistenz Dichte, Zähigkeit, Dickflüssigkeit
Konsolidation Festigung
kontraktil zusammenziehbar
konzentrisch auf einen Mittelpunkt zu
konvex, Konvexität nach außen gewölbt
koordinieren beiordnen, nebenordnen
Kryptogamen Linnésche Bezeichnung für Sporenpflanzen (heute nicht mehr für eine taxonomische Gruppe gebräuchlich)

Labiaten Lippenblütler (Labiatae, heute: Fam. Lamiaceae)
Lamina Blattspreite
Larix europaea Lärche
l. c. loco citato (lat.) am angegebenen Ort
Leguminosen Hülsenfruchtgewächse (Leguminosae)
Leptosiphon androsaceum Lebermoos
Leucoji spec. Knotenblumen (Märzbecher)
Limulus Pfeilschwanzkrebs
Limnanthes Douglasii Seekanne (heute: Gattung Nymphoides, Enziangewächse)
Linum pallescens Leingewächs
Lumen Hohlraum
Lupinus Lupine (Schmetterlingsblütler)

Marchantia polymorpha Brunnenlebermoos
Mazeration Lösung pflanzl. und tier. Gewebe aus dem Verband durch Wässern oder Fäulnis
Meniskus allg. gewölbte Oberfläche
metabolisch veränderlich
Metamorphose Umwandlung, Gestaltveränderung
Mikropyle Öffnung an der Samenanlage
Modifikation Veränderung, Abwandlung
Momordica elaterium Zierkürbis (Kürbisgewächse)
Monocotyledonen Monokotyleae einkeimblättrige Pflanzen
Monothalamien Foraminiferen (Kammerlinge) mit einkammrigem Kalkgehäuse
morphogenetisch gestaltbildend
Myriaden Zehntausende, unzählige Menge
Myxine Inger (Halbschädler)

naturhistorische Begriffe hier im Sinne von klassifikatorisch

Ocymum (=Ocimum) basilicum Basilikum
— — polycladium Basilienkraut
— — polystachum Basilienkraut
Oenothera crassipes Nachtkerze
Oncidium altissimum mittelamerikan. Orchidee
opak milchglasartig, undurchsichtig
Orchis latifolia breitblättriges Knabenkraut (Orchidee)
Ovulum Ei, pflanzl. Eichen, Eizelle

pag. pagina (lat.) Seite
Paradoxon Widersinnigkeit, Widerspruch
Parenchym weiches (unverholztes) Pflanzengewebe
Parietalsubstanz Substanz der Wand (pflanzl. Zelle), tier. Scheitelgewebe
Pektin gelierender Pflanzenstoff
Pericarpium Fruchtwand
Persistenz Ausdauer, Beharrung, Fortbestand
Petromyzon Neunauge (Halbschädler)
Phanerogamen Blütenpflanzen, Samenpflanzen
Phlox Flammenblume
Phormium tenax Neuseeland-Flachs
physikalisch hier auch allg. im Sinne von naturwissenschaftlich gebraucht
Phytotomen alte Bezeichnung für Pflanzenanatomen
Picridium vulgare Bitterichgewächs (Korbblütler)
Pimelea drupaea Thymeleaceae, Spatzenzungengewächs
Pinus Kiefer
Planaria lactea weiße Planarie (Dendrocoelum lacteum)
— torva kl. Planarie (Strudelwürmer)
Planta annua einjährige Pflanze
Podostemom tropische Rosengewächse (Rosales)
Polemoniaceen Himmelsleitergewächse (Polemoniaceae)
polyedrisch vielflächig
Polyp hier: Süßwasserpolyp, einheimisches Nesseltier
Polythalamien Foraminiferen (Kammerlinge) mit mehrkammrigem Kalkgehäuse
potentia der Möglichkeit nach
Potenzierung Steigerung, Verstärkung
Präexistenz Vorherbestehen
Präformationstheorie Vorstellung, daß die Organismen im Ei fertig vorgeprägt sind
Presseschieber mikroskopische Technik, bei der durch Pressen und Schieben des Objektes mit dem Deckglas Zellen und Zellinhalt isoliert wurden
Primitivbündel zuerst entstandenes Gefäßbündel
Primordialschlauch das Zelleninnere gegen die Zellwand abschließende Haut
Prosenchyma pflanzliches Zellgewebe
Protococcus nivalis rote Mikroorganismen (einzellige Grünalge)
Prototypus Urbild, Muster
Pseudoplasma Scheinplasma
Puncto vegetationis Vegetationspunkt an der Spitze des Pflanzensprosses
Punica Granatapfel
P. Z. Pariser Zoll (1 P. Z. = 2,71 cm)

quartum non datur ein Viertes ist nicht gegeben

Radiolarien Strahlentierchen (Einzeller)
Reagens chem. Stoff
Reduktionismus Zurückführung auf einfache bzw. niedere Gesetze und Prinzipien
resistent widerstandsfähig
Respiration Atmung

resorbieren, Resorption aufsaugen, Aufsaugung, Auflösung
Retina Netzhaut des Wirbeltierauges
Rhizina laevigata Wurzellorchel
Rhizopoden Wurzelfüßler
Rhombendodecaeder Kristallform mit 12 rhomb. Flächen
Ricinus leucocarpa Wunderbaum (Wolfsmilchgewächs)
Richardia aethiopica Calla aethiopica, Schlangenwurz

Salvia limbata Salbei (Lippenblütler)
— hispanica Salbeigewächs
— Spielmanni Salbeigewächs
— verbenacea Salbeigewächs
Samenintegumente Samenhülle
Sarcous elements elementares Fleisch
Sarkode alte Bezeichnung für den Plasmakörper der Einzeller (Schleimtierchen)
Sarkolemma Hülle der Muskelfaser
Sarkoplast Muskelbildner
Secale cereale Roggen
Sekretion Absonderung, Ausscheidung
Senecio flaccidus Kreuzkraut
Spermatozoen „Samentierchen", Spermien, männl. Keimzellen
Spiralfibern (-fasern) ungleichmäßig verdickte Fasern
Spiralzelle (-gefäße) durch Wandverdickung hervorgerufene Bildtäuschung spiraliger Strukturen
Spongien Schwämme
statu integro Zustand der Vereinigung, Vermischung
statu nascentiae Zustand des Entstehens
Stigma Narbe des Blütenstempels
Stipes Nebenblätter
Stylus Narbenstil
Substantia propria eigentüml. Substanz
summitates herbarum Blattspitzen (pharm. Fachausdruck)

teleologisch zweckmäßig, zweckgerichtet, zielgerichtet
Tradescantia Dreimasterblume
Traganthgummi Harz der vorderasiatischen Tragantarten
Tra. Jod. Jodtinktur
Trichocline humilis, —heterophylla Korbblütler, vermutlich Doronicum, Gemswurzarten
Truncus Stamm, Stiel, Rumpf
Tulipa sylvestris wilde Tulpe

Vagina weibl. Scheide
Vanda teretifolia horti botanici Berloinensis . . . indische Orchidee des Berliner botan. Gartens, richtig: Brassovola cordata
vitalistisch durch übernatürliche Lebenskraft verursacht
vita propria Eigenleben

zentripetal nach dem Mittelpunkt gerichtete Kraft
Ziziphora dasyantha Brustbeerbaum (Kreuzdorngewächs)
Zona pellucida durchsichtige Grenzhaut des Wirbeltiereies

Übersetzung fremdsprachiger Zitate bei Schwann 1839, Vorrede:

S. VI (=S. 81, Zeile 4 ff.)

Henle sagt (l. c. pag. 9): „Ich wage es, nach oft wiederholter Beobachtung als gesichert anzusehen, daß an jener Stelle (der Fußsohle) nach außen zu eine Vermehrung der Zellen (des Malpighischen Netzes = Unterhautgewebes) stattfindet. Ich habe es stets so angetroffen, daß – nicht zuletzt beim Schweinefoetus – diese sich vermehrenden Zellen nach und nach in die Epidermiszellen übergehen." Purkyne und Raschkow (Abh. über Entwicklung der Säugetierzähne, 1835) hatten über die Entwicklung der Epidermis folgendes beobachtet: „In der ersten Entwicklungsperiode sind die Schüppchen des [Mundhöhlen]-epithels noch nicht so ausgeformt wie in jener Periode, die der Geburt unmittelbar vorangeht, doch zeigen sie Ähnlichkeit mit den Parenchymzellen der Pflanzen. Danach tritt jene Schuppe [S. VIII], die später so groß erscheint, zu diesem Zeitpunkt gleichsam als polyedrische Zelle, aus fester Membran bestehend und kugelförmige Tröpfchen enthaltend, ins Blickfeld. Durch Pressen werden die Zellen zerrissen und lassen eine lymphatische Flüssigkeit herausfließen. Durch die nachfolgende Entwicklung verwandelt sich jene eingeebnete Zelle wahrscheinlich in jene polyedrische Schuppe." Henle, indem er diese Stelle anführt, fügt hinzu (l. c. pag. 9): „Ob der bloße Druck nun in Wahrheit die Ursache sein könnte, daß die kleine Zelle zu einem solchen Blättchen ausgedehnt wird, ist mir noch nicht genügend gesichert. Wenn die Hoffnung nicht täuscht, ist aber durch die Untersuchungen bestimmt festgestellt, daß gewiß anfangs das Volumen der Zelle wächst, ob durch Imbibition, weiß ich nicht."

S. VII (=S. 81–82, Zeile 4 von unten ff.):

Er bemerkt dann (l. c. pag. 210): „Nachdem man die Bläschen gut studiert hat, aus denen die durch die vaginale Schleimhaut hervorgebrachte Schleimschicht gebildet ist, kann man nicht anders als darin ein wohlorganisiertes Zellgewebe zu sehen, zusammengesetzt wie alle die pflanzlichen Zellgewebe [S. VIII] aus einer Anhäufung, durch einfaches Aneinandergrenzen, von unterscheidbaren, individuell lebenden Bläschen, jedes für sich auf Kosten des schleimigen Wassers, das sie von allen Teilen umspült." Turpin vergleicht dann diese unter dem Ansehen von Schleim auftretenden tierischen Zellgewebe mit dem, was er „pflanzliche Eiterung" nennt, „schleimige Ausscheidungen, die in der Form von Tröpfchen von der Oberfläche lebender Gewebe zu sickern scheinen", und was man gewöhnlich unter dem Namen „Cambium" zusammenfasse und setzt zuletzt hinzu (l. c. pag. 212): „Wenn man den Vergleich zwischen zwei so vergleichbaren Dingen ausdehnt, so findet man, daß die variable Form der Bläschen des Zellgewebes des Schleims der Vaginalhaut, ihre Verlängerung bis zur Zuspitzung, ihre Netzförmigkeit, immer unterhalten durch die konstante Feuchtigkeit, die die tierischen Gewebe umspült, und die Entwicklung in ihrem Inneren, seien es Körnchen, seien es runde Bläschen, alles

Dinge sind, die man gleicherweise in der Gestaltung aller schaumigen und wäßrigen pflanzlichen Zellgewebe beobachtet und was man durch Namen wie Mark oder Parenchym in bestimmten Stengeln oder dicken Blättern und in gewissen reifen und teigigen Früchten bezeichnet."

S. IX (=S. 82–83, Zeile 12 von unten ff.)

In seinen Schlüssen sagt er: (l. c. pag. 163): Bei Untersuchung der Entwicklung von Weichtieren haben wir gezeigt, daß die tierischen Gewebe, obgleich ursprünglich von selbst durch Verdichtung der Oberfläche gebildet, sich auf verschiedene Weise entwickeln: das Zellgewebe durch Erzeugung in der Mitte, das Haut-Muskelgewebe durch ein Verfilzen der von innen nach außen führenden Kanälchen. So bilden sich bei den Tieren die Gewebe nicht auf Kosten des einen von den anderen; es gibt kein einheitliches Bildungsgewebe, wohl aber mehrere verschiedene Ursprungsgewebe. Die schönen Beobachtungen von Herrn Mirbel haben bewiesen, daß es bei Pflanzen ein einziges Ursprungsgewebe, das Zellgewebe, gibt, das durch eine Folge von Metamorphosen sich in gefäßhaltiges Gewebe umbildet. Demzufolge ist das Pflanzenreich durch eine ursprüngliche Einheit und das Tierreich durch eine ursprüngliche Vielheit von Geweben charakterisiert."

Personenregister

(Orte des Wirkens sind nur zur Zeit der Erwähnung angegeben)

OSTWALDS KLASSIKER DER EXAKTEN WISSENSCHAFTEN

Band 84

C. F. WOLFF

Theoria Generationis

Über die Entwicklung der Pflanzen und Thiere

Theil I und Theil II

▸Reprint der Einzelbände 84 und 85

Hrsg.: O. Breidbach

220 Seiten, kt.,

ISBN 3-8171-3084-8

„Ich weiss sehr wohl, dass es schwer ist, Unbekanntes zu erforschen ohne irgendwie von der Wahrheit abzuweichen. Was aber das Princip und die allgemeinen Gesetze der Entwicklung betrifft, so glaube ich nicht, mich geirrt zu haben."

(C.F.Wolff)

Caspar Friedrich Wolff (1734-1794), Mediziner und Naturforscher übte schon in seiner Dissertation „Theoria Generationis" scharfe Kritik an der Präformationstheorie.

Durch Beobachtungen zur Blütenbildung der Pflanzen und der Embryobildung der Tiere entwickelte Wolff seine Theorie der Epigenese, der eine dynamische Auffassung des Organismus zugrunde lag. Er vertrat die Ansicht, daß sich die Organe von Pflanze und Tier erst allmählich aus homogenen Ansätzen herausbilden, und nicht, wie in der Präformationstheorie behauptet, en miniature vorgebildet nur noch wachsen müssen.

**OSTWALDS KLASSIKER
DER EXAKTEN WISSENSCHAFTEN**

Band 120
M. MALPIGHI
Die Anatomie der Pflanzen
I. und II. Teil
Bearb.: M. Möbius
163 Seiten, kt.,
ISBN 3-8171-3120-8

„...wenn Ihr das einzelne gewissenhaft abgewogen habt, so wollet entweder dieses Kind als legitim in Schutz nehmen oder, wenn Ihr es als entartet verstosst, mir den rechten Weg zur philosophischen Bildung zeigen." (Marcellus Malpighi)

Der Italiener Marcellus Malpighi (1628-1694) gilt mit seinem Werk „Die Anatomie der Pflanzen" - neben Nehemia Grew - als Begründer der Pflanzenanatomie. In diesem Buch beschrieb Malpighi erstmals Bau und Funktion zahlreicher Pflanzenorgane und bildete sie exakt ab. Er übertrug die anatomischen Termini auf die Pflanzenorgane und legte so die - seither gebräuchliche - Terminologie der Pflanzenanatomie fest. Manche der in diesem Band enthaltenen Studien, wie z.B. die Untersuchung zur Keimung und Gallebildung, die später bekannte Nachfolger Malpighis als Grundlage nutzten, mußte er gegen Angriffe zeitgenössischer Wissenschaftler verteidigen.